你不可不知的
50个物理知识

50 Physics Ideas You Really Need To Know

［美］Joanne Baker 著　马潇潇 译

人民邮电出版社

北京

图书在版编目（CIP）数据

你不可不知的50个物理知识 / （美）贝克
(Baker, J.) 著 ; 马潇潇译. -- 北京 : 人民邮电出版社，2010.7（2012.8 重印）
（图灵新知）
书名原文: 50 Physics Ideas You Really Need to Know
ISBN 978-7-115-22421-7

Ⅰ. ①你… Ⅱ. ①贝… ②马… Ⅲ. ①物理学－普及
读物 Ⅳ. ①O4-49

中国版本图书馆CIP数据核字(2010)第043617号

内 容 提 要

这是一本物理学科普书。作者通过50篇短文，描述了掌控世界运转的定律、原理和理论的发现、意义及其作用。这些短文，以及著名物理学家的生平介绍、说明性图表和名人名言，使内容更加生动有趣，让读者读起来津津有味、兴味盎然，并对物理学深深着迷。

本书适合对物理学感兴趣的各层次读者。

图灵新知
你不可不知的50个物理知识

◆ 著　　　　[美] Joanne Baker
　　译　　　　马潇潇
　　责任编辑　马晓燕

◆ 人民邮电出版社出版发行　　北京市崇文区夕照寺街 14 号
　　邮编　100061　　电子邮件　315@ptpress.com.cn
　　网址　http://www.ptpress.com.cn
　　三河市海波印务有限公司印刷

◆ 开本：787×1092　1/24
　　印张：9.25
　　字数：255 千字　　　　　　　2010 年 7 月第 1 版
　　印数：22 001-26 000 册　　　2012 年 8 月河北第 9 次印刷

著作权合同登记号　图字：01-2009-4807号
ISBN 978-7-115-22421-7

定价：29.00元

读者服务热线：(010)51095186　印装质量热线：(010)67129223
反盗版热线：(010)67171154

版 权 声 明

译 者 序

物理学通常被看作聪明人的游戏，这也难怪很多学生对它叫苦连天。本书的作者 Joanne Baker 是一位物理学博士，她独出心裁，避开繁琐深奥的物理学理论，以一种新颖的方式向大众普及物理学知识。对大多数人而言，若能了解物理学的实质，便已足够，对细枝末节的纠缠实在是没有必要。《庄子》中有"天地有大美而不言"之语，本书则是用短小精悍的小短文"言天地之美"。通过 50 个小故事，Joanne 从最基本的牛顿力学出发，到现代的量子力学和宇宙学，历数了物理学发展历程中的重大发现。颇具特色的是，书中提供了重大发现的时间表，方便读者了解本领域一脉相承的进展。此外，还提供了相关物理学家的简短生平，介绍了他们的教育背景，使读者能近距离地了解科学家们个性的闪光和缺陷。有志于走近科学的人们，应能从中受到启发，坚定自己的信念。

在翻译本书的过程中，译者参考了诸多资料。我深深感到，翻译不是易事，不但要把原文的意思译出，还应尽量保持语言上的韵味，后者尤其困难。本书中很可能会在上述两方面存在不足，请读者阅读时审慎明辨，并批评指正。本书如果能使读者产生一些对物理学的兴趣或者深入钻研的信心，则译者已欣慰至极。

翻译书的过程像是一段短暂而丰富的旅程，中间包含了欣喜、彷徨、激动和期盼。现在本书已经译成，可以稍松一口气。回顾翻译的过程，先要感谢图灵公司的编辑，她们从常规事务办理到书稿审阅，提供了许多细致有用的意见，沟通一直融洽畅通。还要感谢家人提供了安心的环境，感谢诸多同学帮我审阅，提出文字修改意见。

马潇潇

2009 年 10 月于清华园

引　言

当我告诉朋友们要写这本书的时候，他们开玩笑说："你不可不告诉读者的第一件事，就是物理很难懂。"且不说物理难不难懂，我们每个人无时无刻不用到物理知识。我们在照镜子或者戴上眼镜时，就涉及物理中的光学；定好闹钟，则进入了时间的轨道；查看地图，就又在几何空间中穿梭；我们使用手机互相联系，利用的是发往在外太空沿轨道运行的卫星的看不见的电磁波。物理学的应用并不局限于技术层面。没有物理，就不可能有月亮、有彩虹、有钻石。即便是我们身体中的血液，也是遵循着物理学规律流动的。

现代物理学中充满了惊奇。通过对"物体存在与否"这一概念的质疑，量子力学彻底改变了人们对世界的认识。宇宙学研究宇宙究竟是什么，它是如何形成的，为什么我们会在宇宙中，宇宙是偶然的产物还是有某种必然性。物理学家们窥见了原子的内部结构，揭示了隐藏在其中的、幽灵般的基本粒子世界。即便是最坚硬的红木桌，也主要是由空空如也的粒子间空隙构成的。只不过其中的原子是由核力骨架支撑罢了。物理源于哲学，而物理通过提供新的、超越日常生活体验的奇特世界观，反过来又推进哲学的发展。

然而，物理学不是想象出来的。它是以事实和实验为基础的。物理定律不断被科学方法所更新，就好像要对计算机软件进行更新，以修复 bug 和增加新模块一样。以事实为依据，可以推翻和改写物理学思想。当然，这需要一段时间才能为人们所接受。哥白尼的日心说为大家所接受，大约用了一代人的时间。不过，人们接受新思想的步伐也在不断加快。量子物理和相对论就只花了十年的时间。由此看来，哪怕是最成功的物理学定律也要不断接受检验。

本书将带领读者在物理世界中徜徉，从万有引力、光和能量等基本概念，到量子理论、混沌和暗能量等现代物理学思想。作为作者，我希望本书能够成为一本很好的物理学"观光指南"，引起您进一步探索物理奥妙的兴趣。其实，在基本物理概念背后还蕴藏着无穷的乐趣。

目 录

第一部分

物 质 运 动

01 马赫原理

骑在旋转木马上的孩子可以感受到来自遥远星球的拉力。这种现象可以用马赫原理解释，即"物体的惯性受周围其他物体质量的影响"。通过引力，遥远的天体能够影响我们身边物体的移动和旋转。为什么会这样？你怎么判断某个物体是否在运动呢？

坐过火车的人应该有过这样的体验：透过车窗，看对面火车的车厢离你远去。是你乘坐的火车正在出站还是另一列正在进站？有时候这很难判断。有没有什么办法能帮助我们确定到底是哪列火车开动了呢？

奥地利哲学家和物理学家欧内斯特·马赫在 19 世纪就发现了这个问题。在研究牛顿的著作时，他注意到，牛顿认为空间是绝对的。对此，他本人并不认同。牛顿将空间理解为类似于标记在坐标纸上的坐标，所有的运动都可以映射到坐标纸的网格上。马赫不同意这个观点，他认为：只有相对于另外一个物体（而非坐标纸上的网格）来说，运动才是有意义的。如果不是相对于其他物体，那运动又有什么意义呢？在这一点上，马赫是受牛顿的竞争对手——戈特弗里德·莱布尼兹早期思想影响的。（编者注：关于是牛顿还是莱布尼茨首先发现了微积分，是科学史上一桩著名的公案。）而后，爱因斯坦又继承了马赫的思想，认为只有相对运动才是有意义的。马赫认为：一个皮球，无论是在法国还是奥地利，滚动方式都是一样的，跟空间网格无关。可见，唯一能够影响皮球滚动的就是重力（即引力）。在月球上，皮球滚动的速度可能会

大事年表

约公元前 335 年	公元 1640 年
亚里士多德认为物体运动是由于力的作用	伽利略提出惯性定律

> **"绝对空间，亦即没有任何外部参照物的空间，总是均一且不动的。"**

艾萨克·牛顿，1687 年

有所不同，因为在月球上它的重力要小一些。宇宙中的所有物体相互之间都存在着引力，并且通过这种相互作用感受其他物体的存在。从本质上说，运动不依赖于空间的属性，而依赖于物质或其质量的分布。

质量 到底什么是质量？质量是物体所含物质多少的度量。一块金属的质量等于其内部所有原子质量的总和。质量和重量不同。重量是将物体向下拽的重力的度量。宇航员在月球上比在地球上轻，是因为月球比地球小，其对宇航员施加的重力也小。但不论是在月球还是地球，宇航员的质量都是不变的，因为身体内所包含的原子数量并没有变化。爱因斯坦提出，质量和能量是可以相互转化的，质量可以完全变成能量。因此从本质上说，质量就是能量。

惯性 惯性源于拉丁词汇"懒惰"。与质量非常类似，它表示通过力的施加使某个物体的运动发生改变的难度。惯性大的物体较难发生运动。即使是在太空中，大型物体发生运动所需的力也是很大的。比如，假设一个在轨道上运行的巨型岩石小行星将与地球相撞，若要改变它的运动方向，必须使用巨大的冲击力——或是通过核爆炸提供一个短暂而巨大的力，或是长时间地施加一个稍小的力。而小型空间飞船，由于惯性比行星小得多，因此通过喷气发动机就可以改变其运动方向。

意大利天文学家伽利略早在 17 世纪就提出了惯性定律：如果某一物体处于某种状态，并且不对其施加任何外力，则它的运动状态将保持

1687 年	1893 年	1905 年
牛顿发表水桶推论	马赫发表《力学科学》(*The Science of Mechanics*)	爱因斯坦发表狭义相对论

不变。也就是说，如果该物体处于运动状态，那么它将按照原有的速率和方向继续运动；如果该物体处于静止状态，那么它将继续保持静止。牛顿对该思想进行了提炼，并提出了他的运动第一定律。

牛顿水桶 牛顿也研究过重力。他注意到物体是互相吸引的——苹果之所以从树枝落到地面，是因为苹果受到了地球的吸引。同样地，地球也受到了苹果的吸引作用。只是我们可能很难测出地球被苹果吸引后所产生的微小位移。

牛顿证明，重力随距离的增加而迅速减少。所以我们在高空会受到远远小于在地表的重力。虽然在高空所受到的重力变小了，但仍可以感受得到，而且离开地表越远，所感受到的地球引力就越小。实际上，宇宙中的所有物体彼此之间都存在着微小的引力作用，并对我们的运动产生微妙的影响。

牛顿曾尝试通过"旋转水桶试验"来理解物体和运动的关系。在水桶刚开始旋转的时候，里面的水是不动的。逐渐地，水也会随着木桶旋转起来，并且水面会凹陷。这是由于水面外沿想要"爬过"水桶边沿逃出来，却又受到木桶的约束力而无法溢出。牛顿认为，只有在绝对空间里的固定参考系中才能理解水的旋转。其实，我们只要看一下桶中的水就可以知道水桶是否在旋转。这是因为水桶在旋转时，作用在水上的力会形成凹陷的水面。

几个世纪之后，马赫也研究了这个问题。如果这桶水是宇宙中仅有的物体，情况会是怎样呢？如何可知是桶在旋转呢？同样的现象，可否说是水相对于桶在旋转呢？要使讨论有意义，就必须把其他物体放到水桶的系统中，比如房间的墙或者遥远的不变的恒星。有了参考系，就可以判断水桶是否在旋转了。但若是没有静止的房间或者不变的恒星作为参考系，谁又能说清到底是哪个在旋转呢？当抬头仰望天空中沿弧形轨道运行的太阳和恒星时，我们也有类似的体验——到底谁在旋转，是恒星还是地球呢？

欧内斯特·马赫（Ernst Mach）1838—1916 年

除马赫原理的贡献外，奥地利物理学家欧内斯特·马赫在光学、声学、感觉感知生理学、科学哲学，尤其是超音速方面的研究成绩斐然。在他1877年发表的那篇颇具影响力的论文中，马赫描述了高于音速的发射体是如何产生类似于尾流的冲击波的。正是空气中的这种冲击波导致了超音速飞机的音爆*。发射体或喷气式飞机的速度与音速之比现称为马赫数。马赫数为2，是指其速度两倍于音速。

* 编者注：音爆是指飞机超音速飞行时发出的巨大声响。

根据马赫和莱布尼兹的思想，要使运动有意义，我们就需要外部参考系，在仅有一个物体存在的系统中讨论惯性这个概念是毫无意义的。因此，假如宇宙中没有恒星，我们就永远无法弄清地球是否在旋转。而恒星的存在证实了地球是相对于它们在旋转的。

"马赫原理"中相对运动和绝对运动的观点引起了许多科学家的思考，尤其是爱因斯坦（"马赫原理"的命名者）。爱因斯坦基于"所有运动都是相对的"这一观点，建立了狭义相对论和广义相对论。他还用马赫原理解决了一个重要问题：旋转和加速必定伴随出现额外的力，但这些力在哪里？爱因斯坦指出，如果宇宙中的所有物体都是相对于地球旋转的，那么我们应该可以感受得到一个较小的力。这个力会导致地球以某种方式摇晃。

几千年来，空间的本质问题困扰了无数科学家。现代粒子物理认为，太空是由不断生成和毁灭的亚原子粒子形成的"沸腾的大锅"。质量、惯性、力和运动实际上可能都是"沸腾量子汤"的外在表现而已。

质量与运动的关系密不可分

02 牛顿运动定律

牛顿是有史以来最杰出、最具影响力和最具争议的科学家之一。他发明了微积分，阐释了万有引力，并确定了白光的组成。为何高尔夫球会沿着弯曲的路径下落？为何汽车转弯时乘客会感到被挤向一侧？为何可通过球棒感受到打击棒球的力？牛顿的三大运动定律对这些问题作出了解释。

在那个摩托车还未被发明的时代，牛顿的三大运动定律就已经解释了摩托车特技演员为何能够将摩托车骑上垂直于地面的"死亡之墙"上，以及奥林匹克自行车手为何可在倾斜的赛道上竞赛。（编者注：死亡之墙，即 vertical wall of death，是一个垂直于地面的巨大圆桶，摩托车特技演员以垂直于桶壁的角度在圆桶内壁行驶。）

生活在 17 世纪的牛顿被认为是一位科学巨匠。他强烈的好奇心驱使他理解了一些看似简单、实则深奥的问题，比如向空中抛出的球会沿怎样的弧线下落，物体为何总是下落而不是上升，以及行星是如何围绕太阳运转的。

17 世纪 60 年代牛顿还只是剑桥大学的一名普通学生，那时的他就已经开始阅读经典的数学著作了。通过阅读，他的兴趣从民法转向了物理学定律。不久，剑桥大学因爆发瘟疫而被迫关闭，于是牛顿就利用在家休假的时间开始了他对三大运动定律的初步研究。

大事年表

约公元前 350 年	公元 1640 年
亚里士多德在《物理学》(*The Physics*) 中提出运动是由持续的变化引起的	伽利略提出惯性定律

牛顿运动定律

第一定律 物体沿直线匀速运动或保持静止，直到有外力改变其速率或方向为止。

第二定律 力产生加速度，且加速度的大小与物体质量成反比（$F=ma$）。

第三定律 有作用力就有反作用力，二者大小相等，方向相反。

力 按照伽利略的惯性原理，牛顿提出了第一定律。第一定律的基本思想是，在不受力的作用下，物体不会运动或者改变其速率。静止的物体将继续保持静止，除非对其施加力；而运动的物体将以恒定的速率继续运动，直至受到外力作用。力（例如推力）可以产生加速度，从而改变物体的速度。加速度表示一定时间内速度的变化。

这点凭生活经验是难以理解的。我们将冰球扔出后，它将沿着冰面滑行，但最终会因球与冰之间的摩擦而减速。摩擦产生了使冰球减速的力。不过，牛顿第一定律可以看作是没有摩擦的特殊情形。与此最为接近的情形是太空，但即便是在太空中亦存在着万有引力的作用。不管怎么说，第一定律为我们理解力和运动提供了一个标准。

加速度 牛顿第二定律涉及力的大小和力所产生的加速度。加速物体所需的力与物体的质量成正比。较重（或惯性较大）的物体加速时所需的力大于较轻的物体。所以，要将静止的小汽车在 1 分钟内加速到 100 千米每小时，所需的力等于车的质量乘以单位时间内速度的增加量。牛顿第二定律的代数表达形式为"$F=ma$",即力(F)等于质量(m)乘以加速度(a)。对该公式变形,则得到牛顿第二定律的另一种形式,即加速度等于单位质量上所受到的力。加速度不变,单位质量上所受到的力就不变。所以要让 1 千克的物体加速,则不管它是大物体还是小物体的一部分,所需力的大小是相等的。这就解释了伽利略在假想实验中所提出的问题:铁球和羽毛同时降落谁先落地?乍一看,我们会认为铁球会比漂浮的羽毛先落地,但这其实是由于空气的阻力令羽毛飘起来的缘故。如果没有空气,二者将以相同的速率下降,并同时到达地面。因为二者具有相同的加速度,即重力加速度,所以下落是同步的。1971 年,阿波罗 15 号的宇航员们在月球上(没有大气阻力)所做的实验表明:羽毛与地质锤是以相同的速率下降的。

作用力等于反作用力 牛顿第三定律说的是任何施加到物体上的力都会受到该物体发出的一个与其大小相等、方向相反的力的作用,即每个力都有一个反作用力。有时这个反作用力表现为后坐力。如果一位溜冰者推另一位一下,那么同时自己也会向后退。枪手在射击时可感觉到枪对其肩膀的后坐力。后坐力与最初的推力或者施加到子弹上的力大小相等。在警匪片里,被射中的受害者常常被子弹的力向后推。这其实是一种误导,如果子弹的力果真如此之大,那么射击者也会在枪的后坐力作用下倒退一步。即便是我们从高处跳到地面上,也向地球施加了一个很小的、向下的力。只因地球的质量太大,所以影响几乎看不出来。

利用这三大运动定律(以及万有引力定律),牛顿就能够解决所有物体的运动问题,无论是落下的橡子还是打出的炮弹。有了这三个方程,牛顿就能信心十足地驾驶摩托车,加速驶上死亡之墙(要是那时也有这东西的话)。对于牛顿定律,你有多少信心呢?第一定律假设摩托车驾驶者想以恒定的速度在某个方向上保持行进。但是,如果要让自行车做圆周运动,那么根据第二定律,就需要一个约束力不断地调整自行车的方向。在本例中,这个力就是轨道通过车轮对自行车施加的力。所

艾萨克·牛顿（Isaac Newton）1643—1727 年

艾萨克·牛顿是英国第一位被授予骑士勋章的科学家。牛顿在学校比较"懒散"、"漫不经心"，在剑桥大学也算不上出色的学生，但在 1665 年剑桥大学因瘟疫而关闭之后，却突然活跃起来。他回到了家乡林肯郡，全身心投入到数学、物理学和天文学的研究中，最后成为微积分的奠基人之一。在家乡，他形成了三大运动定律的初步想法，并推出了万有引力的平方反比定律。因为这些出色想法的迸发，年仅 27 岁的牛顿于 1669 年当选卢卡斯数学教授（Lucasian Chair of Mathematics）。将精力转向光学之后，他通过三棱镜发现白光是由七彩光混合而成的，并在此问题上与罗伯特·胡克和克里斯蒂安·惠更斯发生过著名的争论。牛顿有两部主要著作，《自然哲学的数学原理》（*Philosophiae Naturalis Principia Mathematica*，亦作 *Principia*）和《光学》（*Optics*）。在职业生涯的后期，牛顿在政治上比较活跃。当国王詹姆斯二世想要干涉大学人事任免之时，他捍卫了学术自由，并于 1689 年进入议会。但与牛顿上述性格相反的是，他一方面渴求关注，另一方面性格又比较内向，竭力避免受到批评，而且利用自己的权位残酷打压学术上的竞争对手。直到牛顿去世，他仍备受争议。

需的力等于自行车与驾驶者的质量之和与加速度的乘积。然后，第三定律解释了在其反作用力形成后，自行车对轨道所施加的压力。正是这个压力使得自行车特技演员能够"粘"在倾斜的墙面上。而且，如果车速足够快，墙面甚至可以是垂直的。

时至今日，要描述驾车快速通过或者撞击弯道（只是假设而已）时所涉及的力，牛顿定律也已经足够了。但是，牛顿定律不能解决接近光速的物体和极小物体的运动。这些极端情形需借助于爱因斯坦的相对论和量子力学。

运动被抓到了

03 开普勒定律

约翰尼斯·开普勒喜欢探索事物的规律。通过观察和分析在天空投影的火星环形轨道的天文表，开普勒发现了行星运动的三大定律。他描述了行星如何在椭圆形轨道上运行，以及为何轨道远端的行星绕太阳运行的速度较慢。开普勒的这三大定律不仅使天文学焕然一新，还为牛顿的重力定律奠定了基础。

> **"我突然发现那颗蓝色的美丽小豌豆就是地球。我闭上一只眼睛，竖起拇指就能把它遮住。可是我并没有感到自己是一个巨人，相反，我感觉自己很渺小。"**
>
> 尼尔·阿姆斯特朗（Nell Armstrong），
> 生于 1930 年

离太阳近的行星绕太阳运行的速度更快。水星只需 80 个地球日就能绕太阳一周，而若木星以相同的速度运行，就需要 3.5 个地球年，而实际上需要 12 年。由于所有行星之间都有擦肩而过的机会，所以若从地球上观察，则每当地球超越它们的时候，便会给人以这样的假象——被超越的行星在倒退。在开普勒的那个时代，这种"倒退"运动令人非常困惑。开普勒本人也正是通过解决此问题，才得以深入理解并提出行星运动的三大定律。

多面体形式 德国数学家约翰尼斯·开普勒喜欢探索事物的规律。他生活在 16 世纪末至 17 世纪初期。在那段时期，占星术被视为邪术，同时天文学作为一门物理科学尚处于襁褓时期，而在揭示自然界的规律方面，宗教信仰同观察一样重要。开普勒是一位神秘主义者，他相信宇宙的组成结构出自于完美的几何形状。因而穷其一生致力于探索和想象

大事年表

约公元前 580 年	约公元 150 年
毕达哥拉斯认为行星运行的轨道是完美的水晶球模型	托勒密记录逆行现象，认为行星是在周转圆上运动的

约翰尼斯·开普勒（Johannes Kepler）1571—1630 年

约翰尼斯·开普勒从小就喜欢天文学。还不到 10 岁的时候，他就在日记中记录下了彗星和月食。在格拉茨教书时，开普勒提出了宇宙学理论，并将其发表于《宇宙的奥秘》（*Mysterium Cosmographicum*）上。后来，他来到位于布拉格之外的天文台协助第谷（Tycho Brahe）开展工作，并于 1601 年接替了第谷的皇家数学家一职。在那里，开普勒为君主编订

了星座，分析了第谷的天文表，并在《新天文学》（*Astronomia Nova*）上发表了他的非圆形轨道理论以及行星的第一运动定律和第二运动定律。1620 年，他的母亲因用草药替人治病，被当作女巫抓进监狱，后通过开普勒的努力才得以释放。但此事并未影响他的工作，他最终在《世界的和谐》（*Harmonices Mundi*）上发表了行星的第三运动定律。

隐藏在自然界中的完美的多面体图案。

在开普勒开展研究之前的一个世纪，一位波兰的天文学家尼克劳斯·哥白尼这样提出：太阳位于宇宙的中心，地球围绕太阳旋转，而不是相反。而在此之前，希腊哲学家托勒密的思想早已深入人心，即太阳和其他恒星皆绕地球旋转。哥白尼不敢公开发表他的激进观点，担心触犯教廷的戒律，因此直到去世前才请同事帮助自己发表。但他提出地球并不是宇宙的中心，着实产生了轰动。因为这暗示了人类并不是人类中心论的上帝所最钟爱的、宇宙中最重要的生灵。

开普勒虽然认同哥白尼的日心说观点，但仍坚持行星绕太阳运行的轨道是圆形的。他设想了一种体系，在该体系中，行星的轨道位于一系列嵌套式球体上。根据容纳这些球体所需三维图形的大小可得出一个数学比例，而它们就是按这个比例分开的。由此他想象出一系列边数逐渐

1543 年	1576 年	1609 年	1687 年
哥白尼提出行星是围绕太阳运动的	第谷绘制出了行星的位置	开普勒发现行星的运行轨道是椭圆形的	牛顿用万有引力定律对开普勒定律作出了解释

> **"我们只是围绕一个非常普通的恒星旋转的小行星上的一群高级动物而已。不过我们能够理解宇宙，这点令我们与众不同。"**
>
> 斯蒂芬·霍金，1989 年

增加，并适于这些球体的正多面体。这种自然规律遵循简单几何比的想法源自古希腊人。

行星一词来自于希腊语中的"流浪者"。太阳系中的其他行星要比遥远的恒星离地球近得多，因而它们看似在天空中游荡一般。日复一日，这些行星在众多恒星之间选择了一条轨迹，但是它们的轨迹常常会逆转，并形成一个小逆行圈。这种"倒退"运动被视为不详的征兆。在托勒密的行星运行模型中，行星的这种行为是无法理解的，因此天文学家在行星的轨道上加上了"均轮"或额外环对这种运动进行模拟。但实际上"均轮"的效果并不太好，相比于以地球为中心的宇宙来说，哥白尼提出的以太阳为中心的宇宙所需的周转圆较少，但仍不能对一些微小的细节作出解释。

为建立行星轨道的模型来支持其几何观点，开普勒采用了当时所能获得的最精确的数据——描述行星在天空中运动的复杂表格，这些数据是第谷的精心之作。在众多数据中，开普勒发现了他的行星运动三大定律的苗头。

开普勒通过解释火星的"倒退"运动实现了研究上的突破。他认识到，如果行星和太阳所运行的轨道是椭圆形的，而非之前所想象的圆形，那么逆行圈就得以解释了。颇具讽刺意味的是，这就说明大自然并未采取完美的几何形状。当时，开普勒对于自己成功地解释了行星轨道一定高兴至极，不过，他的纯粹几何思想体系同时被证明是错误的，这也一定令他备感意外。

开普勒定律

第一定律 行星沿椭圆形轨道绕太阳运行，太阳位于椭圆的一个焦点上。

第二定律 行星围绕太阳运行时，在相同的时间内扫过的面积相等。

第三定律 轨道周期与椭圆的大小存在比例关系，轨道周期的平方与椭圆半长轴长度的立方成正比。

轨道 在第一定律中，开普勒提到：行星是沿椭圆形轨道围绕太阳运动，而太阳位于椭圆的两个焦点之一。

开普勒第二定律描述了行星沿轨道运行的速度。当行星沿轨道运行时，其在相同时间内扫过的面积是相等的。此面积可通过太阳和行星两个位置（AB 或 CD）之间的连线确定，看起来像一块饼。由于运行轨道是椭圆形的，所以当行星靠近太阳时，需绕行较长的路径来扫过相同的面积。因此行星的运行速度在离太阳较近时比较快。开普勒第二定律将行星的速度与行星和太阳之间的距离联系了起来。不过当时他并未意识到，行星的这种行为本质上是由于靠近太阳时所受到的引力加速度较大，导致速度加快。

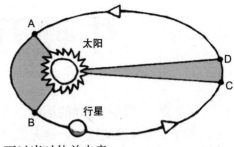

开普勒第三定律进一步说明，行星与太阳距离的不同造成了各种椭圆形轨道大小的差别，而轨道大小与轨道周期之间存在着一定的比例关系。第三定律认为：轨道周期的平方与椭圆形轨道长轴的立方成正比。椭圆轨道越大，轨道周期就越长，行星运行一周的时间也就越长。假定一颗行星离太阳的距离是地球的 2 倍，那么它运行一周所需的时间就是地球的 $\sqrt{8}$ 倍。因此离太阳较远的行星运行速度较慢。火星绕太阳一圈大约需 2 个地球年，土星需 29 年，而海王星则需 165 年。

> **我曾测天高，今欲量地深。我的灵魂来自上天，凡俗肉体归于此地。**
>
> 开普勒的墓志铭，1630 年

通过三大定律，开普勒阐述了太阳系中所有的行星轨道。三大定律适用于任何天体绕另一天体的运行——从太阳系中的彗星、小行星和月球到其他恒星系的行星，甚至绕地球快速运行的人造卫星。开普勒虽然成功地将这些原理统一成几何定律，却并不知晓这些定律为何成立，他认为这些定律源于大自然的基本几何图案。牛顿将这些定律全部统一为万有引力理论。

宇宙规律

04 牛顿万有引力定律

艾萨克·牛顿将炮弹的运动、水果从树上的掉落，乃至行星的运动全部联系到一起，实现了天和地的统一，这无疑是巨大的飞跃。他的万有引力定律可以解释世界上的许多物理现象，至今仍是物理学界最具影响力的思想之一。牛顿认为：所有物体彼此都是通过万有引力相互吸引的，并且引力的大小与距离的平方成反比。

据说牛顿是由于看到苹果落地才悟出万有引力定律的。不论该说法是真是假，牛顿确是将想象力从地面物体的运动进一步拓展到天体的运动，从而发现了万有引力定律。

"重力是一种难以摆脱的习惯。"

特里·普莱契
（Terry Pratchett），1992 年

牛顿认为所有物体都是受到某种加速力的作用才会被地面吸引（见第 6 页）。如果苹果从树上掉落是这种情况，那么树再高一些，情况又会如何呢？如果树一直长到月球，又会怎样呢？为何月球不会像苹果那样落到地面上来呢？

所有物体都下落 牛顿的答案植根于他提出的将力、质量和加速度联系在一起的运动定律中。从炮筒中射出的炮弹要在落地之前飞行一段距离。如果炮弹的速度再快些，情况会如何呢？自然，炮弹飞行的距离会更远。若炮弹的飞行速度足够快，以至于飞行足够远之后，地平面在炮弹下开始弯曲，并与其保持一定的距离，如此，炮弹将落在何处呢？牛顿意识到炮弹将被拉向地球，并将在圆形轨道上运行。正如卫星一直受到地球的吸引力而围绕地球旋转，不会落到地面上一样。

大事年表

公元前 350 年	公元 1609 年
亚里士多德论述了物体为何要下落	开普勒揭示了行星运动三定律

当奥林匹克链球运动员做旋转运动的时候，维持铁饼旋转的力是铁链上的拉力。如果没有该拉力，铁饼将沿直线飞出，就如同运动员松手将其释放的那一瞬间。牛顿的炮弹理论跟铁饼理论道理相同，如果没有一个将炮弹拉回地球的向心力，炮弹将飞入宇宙空间。于是，牛顿进一步得出：月球之所以高悬于天空也是因为受到了看不见的万有引力的作用。如果没有万有引力，月球也将飞入宇宙空间。

平方反比定律 牛顿继续尝试对他的假设进行定量研究。在与罗伯特·胡克几次通信之后，牛顿提出万有引力遵从平方反比定律，即引力的大小跟物体之间距离的平方成反比。因此，如果你距离物体是之前的两倍，那么万有引力将变为之前的四分之一；同样地，如果某颗行星与太阳的距离是地球与太阳的距离的两倍，那么受到太阳的引力将是地球所受引力大小的四分之一，如果距离是三倍，那么引力就是九分之一。

牛顿的万有引力平方反比定律仅用一个方程就可解释开普勒的行星运动三大定律所描述的行星轨道（见第 10 页）。牛顿定律预测了当行星在轨道上运行时，离太阳越近，运动速度越快。行星距太阳近，受到的万有引力就大，从而使运行速度加快。而速度加快后，行星就会再次远离太阳，于是速度又逐渐变慢。因此，牛顿是把之前开普勒的工作融合起来，得出一个深邃的理论。

> **"宇宙中的所有物体都相互吸引，引力的方向沿着物体中心的连线，与各物体的质量成正比，与两物体之间距离的平方成反比。"**
>
> 艾萨克·牛顿，1687 年

1640 年	1687 年	1905 年	1915 年
伽利略描述惯性的原理	牛顿发表《自然哲学的数学原理》	爱因斯坦发表狭义相对论	爱因斯坦发表广义相对论

普遍规律 牛顿随后又大胆推广，提出了适用于宇宙任何物体的万有引力理论。任何物体所施加的引力都与其质量成正比，且该引力与距离的平方成反比。因此，任何两物体之间均存在着引力。但由于万有引力是一种很弱的相互作用，我们只能在非常大的物体之间才能观察得到，例如太阳、地球和行星。

如果进一步观察，就可以发现地球表面的局部重力存在着大小上的细微差异。不同的大山和岩石密度不同，它们附近的重力大小也会有变化。因此，通过重力计就可了解地形、地表的结构。考古学家有时也通过微小的重力变化定位被掩埋的地下建筑。最近，科学家们已经利用航天卫星测量重力，来记录地球两极的冰覆盖量（消融速度），以及探讨大地震后地壳的变化。

地球表面的重力加速度为 9.8 米每秒的平方。

回到 17 世纪，牛顿将其关于万有引力的所有思想都融合于一本书中，即《自然哲学的数学原理》(*Philosophiae Naturalis Principia Mathematica*，亦作 *Principia*)。该书于 1687 年出版，至今仍被视作科学史上的一个里程碑。牛顿的万有引力定律不仅解释了行星和月球的运动，还解释了发射体、钟摆和苹果等的运动。此外他还解释了彗星的轨

海王星的发现

因为万有引力定律，海王星才得以发现。在 19 世纪初期，天文学家们注意到天王星并不是沿着一个简单的轨道运行的，好像受到了其他天体的影响。基于牛顿定律，相继出现了多种假设。直到 1846 年，这颗新行星才在预定位置被发现。为纪念海神，该星被命名为海王星。英法两国的天文学家就谁先发现海王星一事意见相左，但一般认为海王星的发现者是亚当斯（Couch Adams）和勒威耶（Urbain Le Verrier）。质量是地球 17 倍的海王星是一个"气态的庞然大物"，它的大气层是由高密度的氢气、氦气、氨气和甲烷构成的，而中心是一个固体核。海王星上蓝色的云则是由于存在甲烷的缘故。海王星上的风在太阳系中是最强的，风速可达 2500 千米每小时。

潮汐

牛顿在《自然哲学的数学原理》中描述了地球上的海洋潮汐是如何形成的。潮汐形成的原因在于：月球对离其较近半球和较远半球上的海洋的引力大小不同（而这种引力的差别对坚固的地球是没有什么影响的）。这种两个半球上引力大小的不同导致了海洋分别有凸向和远离月球的倾向，从而形成每12小时的涨落更替现象，即潮汐。虽然太阳的质量比月球大，对地球的引力也比月球大，但月球离地球更近，所以对潮汐产生的影响也就更大。另外从平方反比定律中也可看出，离地球较近的月球对地球的引力梯度（两半球所受万有引力的大小差异）比离地球较远的太阳要来得大得多。出现满月或新月时，地球、太阳和月球会位于一条直线上，此时的潮汐特别高，又称"大潮"；而当三者呈90度直角时，形成的潮汐较弱，又称"小潮"。

迹，潮汐的形成以及地轴的摆动等诸多现象。牛顿在万有引力定律方面的贡献使他成为有史以来最伟大的科学家之一。

牛顿的万有引力定律虽已历经数百年，至今仍是描述物体运动的基本定律之一。但科学不会停滞不前，20世纪的科学家们以此为基础不断将科学推向前进，尤其是爱因斯坦建立了广义相对论。但万有引力对于我们可见的大部分物体都还适用，对于太阳系中距离太阳很远的行星、彗星和小行星的行为来说，虽然其万有引力较弱，但仍然也是适用的。牛顿的万有引力定律的确有效，用它甚至可以预测出海王星（于1846年在比天王星更远的预测轨道上发现）的位置，但是它却无法解释水星的轨道。这时一种不同的新理论应运而生了。为解决万有引力很大的情形，例如靠近太阳、恒星和黑洞的情况，爱因斯坦提出了广义相对论。

"有人说，反对全球化就好比反对万有引力定律。"

科菲·安南（Kofi Annan），
生于1938年

质量的吸引

05　能量守恒

能量是使物体运动或发生变化的推动力。它有多种表现形式，例如高度或速度的变化、电磁波的传播，以及产生热量的原子振动等。虽然能量可以在各种形式之间互相转化，但其总量却永远是守恒的。能量既不能被创造，也不能被消灭。

说起能量，我们都知道它是最基本的推动力。我们累了，就是缺少能量；我们欢呼雀跃，就是能量充沛。什么是能量呢？为我们身体充电的能量来自于化学物质的燃烧。在燃烧过程中，分子从一种形式变为另一种形式，并将能量释放出来。但是使滑雪者沿斜坡加速或者点亮灯泡的都是什么类型的能量呢？它们真的都是能量吗？

由于能量具有如此之多的表现形式，很难为其下一个定义。时至今日，物理学家们仍不知能量的本质是什么，尽管他们能很好地描述能量，并通晓如何利用能量。能量是物质和空间的属性之一。它是一种能源，或者说是被封装的驱动力，利用它可以产生物质或者使物体发生运动和变化。自然哲学家们对能量的模糊认识，可以追溯到古希腊，他们认为：能量是赋予物体生命力的力量或者精华之所在。此种观念多年来一直伴随着人们。

能量转换　伽利略最先提出，能量是可以由一种形式转化为另一种形式的。通过观察钟摆的往复摆动，他发现可通过降低摆锤的高度来使其获得向前运动的动力，反之又可通过减慢速度使其恢复原位，如此

大事年表

约公元前 600 年	公元 1638 年	1676 年
米利都学派的泰勒斯认为物质的形式是变化的	伽利略注意到钟摆动能和势能的转换	莱布尼兹从数学上给出了能量交换的公式，并将其命名为活力公式

反复循环。摆锤在摆动过程中经过最低点时速度均会达到最大值，并且在每个顶点处速度为零。

伽利略推断，在摆锤摆动的过程中存在两种可以互相转化的能量形式。一个是重力势能，可抵抗重力，从而将地球上的物体提升到一定高度。若要高度更高则需增加重力势能，而物体下降时会释放出重力势能。如果你有骑自行车爬坡的经历，就会明白克服重力需要很多能量。另外一个就是动能，亦即伴随有速度的运动能量。因此摆锤可将重力势能转化为动能，反之亦然。老练的自行车手很会利用这种转化机制，在下陡坡时，他甚至无需踩踏板就可以加速冲到底，然后还可以利用该速度去冲击下一个山坡。

类似地，势能和动能之间的相互转化也可用于给我们的房屋供电。水电站和潮汐大坝将水从一定高度释放，利用其速度驱动涡轮机发电。

能量的各种形式 某一时刻能量可以有各种不同的表现形式。压缩的弹簧中具有弹性势能，可在需要时释放出来。热能加速了热材料中原子和分子的振动。灶具上的金属盘之所以温度升高，就是因为能量的输入导致其内部的原子振动速度加快了。能量也可通过光波和无线电波等电磁波进行传播。存储的化学能可通过化学反应释放出来；

能量公式

重力势能（PE）的公式是 $PE=mgh$，即重力势能的大小为质量（m）乘以重力加速度（g）乘以高度（h）。该式等价于力（根据牛顿第二定律 $F=ma$）乘以距离，因此力可以传输能量。

动能（KE）的代数表达式是 $KE=1/2mv^2$，因此动能的大小与速度（v）的平方成正比。动能也可认为是平均力与移动的距离两者的乘积。

1807 年	1905 年
托马斯·杨命名了"能量"	爱因斯坦指出质量和能量是等价的

例如在人的消化系统中所发生的反应。

爱因斯坦提出，质量本身就是能量，且能量可在物质被破坏时释放出来。因此质量和能量是等价的。这就是著名的质能方程 $E=mc^2$，其中质量（m）被破坏时释放出的能量（E）等于 m 乘以光速（c）的平方。在核爆炸或者太阳内部发生的聚变反应中就有这种能量的释放（见第140～147页）。质能方程中的光速平方项是个很大的数字（光在真空中的速度为每秒 3×10^8 米），因此即便只是破坏区区几个原子，其所释放出的能量也是巨大的。

我们在家中消耗能量，也在利用能量发展工业。虽然经常谈及能量的产生，但事实上，能量只不过是从一种形式转化成为另一种形式。我们从煤或天然气中获取化学能，将其转化为热，来驱动涡轮机发电。说到底，煤和天然气中的能量来源于太阳，因此太阳能是地球万物赖以生存和发展的基础。尽管地球上有限的能源令人堪忧，然而只要能够对太阳能加以利用，那么太阳提供的能量远远大于人类的需求。

能量守恒 作为一条物理定律，能量守恒不仅仅包含减少家庭内部的能源消耗问题。能量守恒定律说的是能量可在不同的形式之间转化，而保持总量不变。这个概念是伴随着最近对各种类型能量进行的独立研究才出现的。在 19 世纪初期，托马斯·杨（Thomas Young）引进了能量一词，而在此之前，这种生命力被莱布尼兹称为活力。莱布尼兹最先对钟摆的数学模型进行了研究。

很快人们就发现，动能自身是不守恒的。球和飞轮经过一段时间之后，速度都会逐渐变小，直到停止。但是快速运动确实导致摩擦生热（如在金属炮管上钻磨时），因此实验者推断释放出的能量的最终归宿是热。随着时间的推移，在制造机器的过程中各种不同形式的能量都被考虑进来，科学家提出，能量只能从一种形式变为另一种形式，而不会消失或创造。

动量 物理学里的守恒不仅仅限于能量。有两个概念在彼此之间是紧密关联的——线动量的守恒和角动量的守恒。线动量定义为质量和速度的乘积，它描述了使某一运动物体减速的困难程度。物体越重，运动速度越快，动量就越大，改变其运动方向或使其减速就越困难。因此，一辆车速为 60 千米每小时的卡车要比相同车速的轿车的动量大得多，如果撞上你的话，造成的危害也就更加严重。动量不仅有大小，而且由于速度的关系，它还有方向。物体在相互碰撞交换动量之后，动量的总量（大小和方向）将保持不变。读者玩台球的时候就会用到这条定律。两球相撞时，互相交换运动，并保持动量守恒。如果你用一个运动的球去碰撞另一个静止的球，那么两球最后的路径将是最初运动的那个球的速度和方向的加和。通过假定动量在各个方向上均守恒，就能够算出两球速度的大小和方向。

角动量守恒与上述类似。对围绕一点旋转的物体来说，角动量定义为物体的线动量乘以物体与旋转点之间的距离。滑冰者完成旋转动作时就要用到角动量守恒，当他们把四肢伸出时，转速就会减慢；而将四肢贴紧身体时，转速就会加快。这是由于尺度变小了，若仍保持角动量守恒，就要加快转速进行补偿。你可以在办公室的椅子上试一试，道理是一样的。

能量守恒和动量守恒仍然是现代物理学的基本原理。即便是当代的物理学研究领域，例如广义相对论和量子力学，也是离不开这些基本概念的。

能量不灭

06 简谐运动

许多运动都采取类似钟摆摆动的简谐运动方式。简谐运动与圆周运动相关，可见于振动的原子、电路、水波、光波，甚至是晃动的大桥中。虽然简谐运动可以预测且较为稳定，但即便稍微施加一个微小的外力也能破坏其稳定性，并造成灾难性的后果。

振动是极其普遍的现象。比如我们一屁股坐到弹性很好的床或者椅子上，就会上下反弹好几秒钟的时间。可能还有人弹拨过吉他的琴弦、伸手抓过摆动的灯或听过电子扬声器的回声等，这些都是振动的不同形式。

简谐运动描述了离开初始位置的物体所受到的使其恢复原位的回复力。离开起始点后，物体将来回摆动，直至回到最初的位置为止。发生简谐运动时，回复力总是抵抗物体的运动，且其大小与物体离开初始位置的距离成正比。物体离初始位置越远，所感受到的回复力就越大。物体在向着某个方向运动时，所受到的回复力的方向与运动方向恰好相反。荡秋千的孩童会感到背后受到回复力的作用。这个力最终让秋千停下来，并向着相反的方向摆动。于是物体就会来回振动。

钟摆 想象简谐运动的另一种方法是将圆形运动投影到直线上，例如儿童秋千上的椅子在地面上的投影。像钟摆一样，椅子的投影随着椅

大事年表

公元 1640 年	1851 年
伽利略设计出了摆钟	傅科摆证明了地球的自转

子的摆动而前后移动，在端点处的速度较慢，而在循环的中间位置速度较快。在这两种情况下，钟摆和椅子上均存在重力势能（高度）和动能（速度）的相互转化。

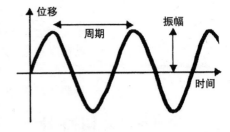

摆锤的摆动属于简谐运动。如果用摆锤离开中心起始点的距离对时间作图，可得到一条正弦波，或可称为频率为摆锤频率的谐波。静止时，摆锤呈垂直悬挂状态。一旦对其施加外力，将其推向一侧，则重力会将其再次拉回中心，并产生一定的速度，形成持续的振动。

地球转动　钟摆对地球的自转很敏感。地球的转动导致钟摆的摆动平面慢慢转动。设想在北极上方悬挂一个钟摆，则其将在相对恒星固定的平面上摆动。地球在其下方旋转，因此若从地球上的某点观察钟摆的摆动，它在一天内看似会转过 360 度。而若在赤道上方悬挂这样一个钟摆，由于钟摆随地球旋转，其摆动平面不会发生变化，于是也就没有旋转效应了。在其他任何纬度上，旋转效应是介于北极和赤道上的情形之间。因此，地球在旋转这一事实可通过观察钟摆得到证实。

法国物理学家里昂·傅科（Léon Foucault）公开展示了他所设计的高 70 米的钟摆。该钟摆悬挂于巴黎万神殿的天花板上。当今世界上的许多博物馆都陈列有巨大的傅科摆。为了使傅科摆发生摆动，必须使它的起始摆动非常平稳，不能有扭转。传统的做法是将傅科摆的摆锤栓到一条绳子上，然后用蜡烛去烧绳子，绳子烧断后，摆锤就会被轻轻地放下来了。为能使巨大的钟摆长时间地持续运动，通常用电机对其进行驱动，来抵消空气阻力。

1940 年	2000 年
塔科玛海峡大桥坍塌	伦敦的千年桥受共振影响关闭

计时 虽然早在 10 世纪钟摆就出现了，但直到 17 世纪它才广泛用于钟表上。钟摆往复运动一次所需的时间是摆长的函数，摆长越小，振动速度越快。为使计时更加准确，伦敦大本钟是通过在钟摆块上添加硬币（便士）来调节钟摆的摆长。硬币会使摆锤的重心发生变化，这比直接调整摆锤的位置要更加容易和准确一些。

> **"如果在大本钟的钟摆上增加一枚古老的英国便士的重量，则每天它会慢 0.4 秒。我们目前尚不清楚增加一欧元的重量，结果会如何。"**
>
> Thwaites & Reed，2001 年
> （大本钟维护公司）

简谐运动并不仅仅限于钟摆，也在自然界中广泛存在。有自由振动的地方就存在简谐运动。电路中的振荡电流，水波中粒子的运动，甚至早期宇宙中原子的运动，都属于简谐运动。

共振 如果给物体最初的简谐运动加上一些额外的力，那就可以描述更加复杂的振动了。可通过电机来提供能量，加快振动；也可通过吸收一部分能量，减弱振动直至消失。例如，有规律地用弦弓拉动大提琴的琴弦可使其长时间振动；而将一块毛毡放到钢琴琴弦上则会吸收其上的能量，减缓其振动。适时地提供驱动力（如运弓），可加强主振动。当然，驱动力还可能与

美妙的振动

电流在电路中来回流动的时候会产生振动，好比钟摆的摆动一样。这样的电路可产生电子乐。最早的电子乐器是特雷门琴（Theremin），它能产生奇特的高音和低音，并最先被沙滩男孩（Beach Boys）在歌曲 "Good vibrations"（美妙的振动）中采用。特雷门琴包含两个电子天线，演奏时无需触碰乐器，只需将双手靠近乐器挥动即可。演奏者一只手控制音调，另一只手控制音量，每只手都是电路的一部分。特雷门琴是以其发明者俄国物理学家里昂·特雷门（Léon Theremin）命名的，他于 1919 年为俄国政府发明了运动传感器。列宁在看过他的演示后，印象非常深刻。该传感器于 20 世纪 20 年代被引入美国。特雷门琴由罗伯特·慕格（Robert Moog）投入商业化生产，之后以此为基础开发出了电子合成器，引爆了流行音乐的革命。

振动的节奏不一致。如果两者不同步，系统的振动行为很快就会变得非常奇怪。

振动行为的突然变化决定了美国一架最长的大桥的命运。这就是位于华盛顿州的塔科玛海峡大桥（Tacoma Narrows Bridge）。作为一座悬索桥，它像一条粗粗的吉他弦跨越了塔科玛海峡。在与其长度和尺度相对应的特定频率之下，该桥很容易发生振动。正像乐器上的弦一样，它在基音时会发生共振，并且在（多种）基音的和声下会产生振荡。工程师们在设计桥梁的时候，通常会将其基音设计得与自然现象的频率（风、行驶中的汽车或水流的频率等）显著不同。但不幸的是，那时的工程师们显然没有充分做好对共振的预防工作。

塔科玛海峡大桥（当地人称为之"舞动的格蒂"）长 1 英里（1 英里 =1.609 千米），由钢筋主梁和混凝土建成。1940 年 11 月的一天，狂风大作，在桥的共振频率附近引发了扭曲振动，致使桥发生剧烈摇动，最终损毁、倒塌。幸运的是事故中并无人员伤亡，只有一条小狗受了惊吓。有人怕它从车上摔下来，想救它一命，还被它咬了一口。自此之后，工程师们对其他大桥进行了修复，防止发生扭曲。不过直到今天，因为某些不可预见力的存在，一些桥有时仍会发生共振。

受外部能量加强的振动会很快失去控制，而变得没有规律。此时振动会变得混乱无序、不可预测，毫无规律可循。简谐运动是稳定行为的基础，但此种稳定很容易被打破。

摆的学问

07 胡克定律

胡克定律最初是通过观察钟表中弹簧的伸缩发现的，该定律描述了材料受力时的变形情况。弹性材料的伸缩与其所受的力成正比。罗伯特·胡克是一位多产的科学家，对建筑学和科学均有贡献，不过奇怪的是他为人所知更多的是通过胡克定律。而胡克定律本身也正是跨越了诸多学科领域，在工程学、建筑学和材料科学中均有应用。

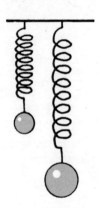

当你用瑞士手表看时间的时候，就要用到胡克定律了。作为17世纪英国的一位博学的大师，胡克不仅发明了钟表中的平衡弹簧和擒纵机构，而且建成了精神病院，给出了生物学领域细胞的命名。他不但是一位数学家，更是一位实验学家。他组织了伦敦皇家学会的科学演示，发明了多种装置。在研究弹簧的过程中他发现了胡克定律，即弹簧的伸长量与其受到的拉力成正比。因此，用2倍的拉力拉弹簧，其伸长量将变为之前的2倍。

弹性 遵守胡克定律的材料称为"弹性"材料。弹性材料在外力消失后会恢复到原来的形状，也就是说，弹性材料的伸缩是可逆的。橡胶带和硬钢丝弹簧就是弹性材料，口香糖则不是。当拉口香糖时，它会伸长；但拉力消失后，口香糖还是保持伸长状态。许多材料在一定的受力范围内都会表现出弹性，但若拉力太大，材料就会裂开或者失效。其他

大事年表

公元 1660 年	1773 年
胡克发现弹性定律	哈里逊因成功测定经度而获奖

罗伯特·胡克（Robert Hooke）1635—1703 年

罗伯特·胡克生于英格兰的怀特岛，父亲是一名助理牧师。他在牛津的基督教堂学习，是物理学家兼化学家波义尔的助手。1660 年，他发现了胡克弹性定律，随后被任命为伦敦皇家学会的实验主管。5 年后他发表了《显微术》（*Micrographia*），通过在显微镜下比较植物细胞和猴子细胞，他提出了细胞一词。1666 年，胡克参与了伦敦大火后的城市重建工作，与克里斯托弗·雷恩（Christopher Wren）一起，进行了格林威治皇家天文台以及为纪念伦敦大火而建造的纪念碑和伯利恒皇家医院（Bedlem）的设计。胡克于 1703 年在伦敦逝世，葬于伦敦的毕晓普斯盖特。他的骨灰曾于 19 世纪被移至伦敦北部，现在何处已无从得知。2006 年 2 月，一本丢失多年的胡克在皇家学会会议上的记录的副本被发现，该副本现存于伦敦皇家学会中。

一些太硬或者太柔软的材料，不能称为弹性材料，例如陶瓷或黏土。

根据胡克定律，弹性材料要伸长一定长度所需的力总是一定的，特定的力的大小取决于材料的弹性（弹性模量）。弹性材料伸长所需的力较大。高弹性材料包括坚硬的物质，例如金刚石、碳化硅和钨。低弹性的材料有铝合金和木头。

我们将材料的伸长称为应变。应变的定义是材料因为拉伸而伸长的百分数。（单位面积上）施加的力称为应力。应力和应变的比值称为弹性模量。许多材料，包括钢铁、碳纤维甚至玻璃，都具有恒定不变的弹性模量（针对较小的应变），因而遵守胡克定律。设计建筑时，建筑师和工程师要考虑这些属性，保证在负载较大时，建筑不会伸长或扭曲。

1979 年

英国的布里斯托尔首次出现蹦极跳

回弹 会用到胡克定律的其实不只有工程师。每年成千上万的背包族都会尝试蹦极跳——从固定着弹力绳的平台上跳起来，此时也要用到胡克定律。胡克定律告诉跳跃者弹力绳在受体重作用后伸缩的长度。因为身体的头部是向下朝向峡谷的，所以要在头部撞上峡谷之前弹回。这样，就要求一定要事先计算准确，并采用长度合适的绳子。蹦极跳作为一项运动而出现，显然应归功于最初看到电视画面后受到启发的一些胆大的英国人。电视上的节目中，大洋洲瓦努阿图的土著人为了比赛谁最勇敢，在脚踝上系上葡萄藤，从高处跳下。那些英国人在 1979 年从布里斯托尔的克利夫顿悬索桥跳下潜水。跳水者随后被逮捕，不过他们被释放后还是继续跳水不止，并把这种运动传播到世界各地。现在，蹦极已成为一项商业化的运动项目。

经度 旅行者也要靠胡克定律帮助自己定位。测量南北纬度是很容易的——通过测量天空中太阳和恒星的高度就可以计算出来，但是要测出地球的东西经度就困难得多了。17 世纪和 18 世纪初期，水手在海上随时面临着生命危险，就是因为无法定位。于是，英国政府悬赏 2 万英镑解决经度测量这一技术难题，2 万英镑的数目在当时已经是相当可观的了。

因为存在时差的问题，所以从地球的东部到西部，通过比较当前位置的海上时间（例如中午）与另一个已知地点的时间（例如伦敦格林尼治时间），就可以知道经度。因为世界各地的时间都是相对格林尼治天文台来确定的，所以格林尼治所在的经线就被确定为 0 度经线，而当地时间称为格林尼治标准时间。这当然很好，但问题是在大西洋中部怎么能知道格林尼治时间呢？现在如果你要从伦敦飞到纽约，只需带上一只表，把表设置成伦敦时间就行了，但在 18 世纪初期，事情可没这么简单。当时的钟表技术没有现在这么先进，最准确的带有计时器的钟摆，因为船只的晃动，也无法发挥作用。后来伦敦的一位制表商约翰·哈里逊（John Harrison），发明了一种在滑锤上连接弹簧的方法，取代了晃动的钟摆。但在实际的海洋测试中，该方法的效果仍然不好。弹簧计时存在的问题是，弹簧的伸长量会随着温度的变化而变化。如果船只从热带航行到两极的话，这种装置就不行了。

> **"如果说我看得更远，那是因为我站在巨人的肩上。"**
>
> 艾萨克·牛顿，1675 年
> 在（有可能带有讽刺意味的）致胡克的信中

哈里逊想出了一个新的办法。他在钟表上安装了一条双金属带，由两种不同的金属粘合而成。两种金属（如黄铜和钢）在受热时的伸长量不同，使金属带发生弯曲。这样就把温度的变化考虑到钟表设计中去了。哈里逊的新式钟表，被称作精密时计（chronometer），解决了经度的问题，赢得了现金大奖。

现在，哈里逊的 4 个实验钟表均位于伦敦的格林尼治天文台。前 3 个相当大，由黄铜制成，显示出复杂的弹簧平衡机制。这 3 个钟表做得很漂亮，看起来很不错。赢得现金奖的第 4 个钟表，设计比较紧凑，看起来比怀表略大一些。它虽然不是非常美观，却很准确。在石英电子表出现之前，类似的钟表在海上一直沿用多年。

胡克　胡克因为获得了如此之多的成就，被称为伦敦的达芬奇。他是科学革命的关键人物，对包括天文学、生物学，甚至建筑学在内的许多科学领域均有贡献。他与牛顿有过著名的冲突，彼此之间积怨颇深。胡克不接受牛顿提出的光的颜色理论，这让牛顿很不高兴。胡克在万有引力的平方反比定律上的贡献也一直不被牛顿认可。

胡克取得了如此大的科学成就，却鲜为人知。这的确令人有些意外。他一生中没有留下任何一幅肖像。或许胡克定律就是对他本人创造力的最好见证。

奇妙的弹性

08 理想气体定律

　　理想气体定律告诉我们气体的压力、体积和温度三者之间是如何联系在一起的。对气体加热，气体会膨胀；而压缩气体，气体体积变小，温度会升高。飞机上的乘客对理想气体定律肯定会更为熟悉，一想到飞机舱外极冷的空气可能就会打颤。登山者也有类似的体验，登山过程中气体的温度和压力会逐渐降低。达尔文甚至可能还抱怨过，因为理想气体定律的缘故，他在安第斯山区宿营时竟然无法煮熟土豆。

理想气体定律可写成 $PV=nRT$ 的形式，其中 P 是压力，V 是体积，T 是温度，n 是气体的物质的量（1 摩尔等于 6×10^{23}，叫作阿伏伽德罗常数），R 是气体常数。

　　使用压力锅的时候，实际上就是在利用理想气体定律做饭了。压力锅是如何工作的？压力锅是密封的锅，可以阻止做饭时水蒸气的释放。当水沸腾时，不断产生的蒸汽使锅内的压力异常地高。当压力高到一定程度之后，水蒸汽便不再蒸发，而锅内汤的温度就会高于水的沸点 100 摄氏度。这样食物就会熟得更快，并保留了原有的风味。

　　理想气体定律首先是由法国物理学家埃米尔·克拉伯龙（Emil Clapeyron）于 19 世纪提出来的。该定律告诉我们气体的压力、体积和温度三者之间是如何联系在一起的，减小气体的体积或者升高气体的温度会使气体压力增加。想象有一个装满空气的密闭容器。若将容器的体积减半，其内部压力就会加倍；而若将容器的温度提高到之前的 2 倍，压力也会加倍。

大事年表

约公元前 350 年	公元 1650 年
亚里士多德认为"自然界憎恶真空"	奥托·冯·格里克（Otto von Guericke）设计出首个真空泵

克拉伯龙基于之前的两个定律，推导出了理想气体定律。这两个定律一个是波义尔提出的，另一个是查尔斯和盖·吕萨克提出的。波义尔指出了压力和体积之间的联系，查尔斯和盖·吕萨克则指出了体积和温度之间的联系。为了把这三个量统一起来，克拉伯龙采用了"摩尔"（mole）的概念。"摩尔"是一定数量的原子或分子，准确数字是 6×10^{23}（6 后面有 23 个"0"），称为阿伏伽德罗常数。这么多的原子听起来是一个很庞大的数字，但实际仅是一根铅笔中的石墨所包含的原子数而已。摩尔的定义是 12 克碳中所包含的碳 12 原子的个数。1 摩尔葡萄柚的体积足以占据整个地球。

理想气体 什么是理想气体？简单地说，理想气体就是遵循理想气体定律的气体。组成理想气体的原子或分子相比它们之间的距离非常小，因此碰撞之后，会很容易地分散开。而且，原子或分子之间没有额外的力（例如电荷）使其能相互结合在一起。

"稀有"气体，例如氖、氩和氙都属于单原子（不是单分子）理想气体。对称小分子的气体，例如氢气、氮气和氧气也表现出理想气体的特性。而分子较大的气体，例如丁烷，就不能视为理想气体了。

气体的密度很低，其中的原子或分子可以自由运动，不会发生聚集。理想气体的原子就好比壁球场中成千上万的橡胶球，原子与原子之间，原子与器壁之间均存在相互碰撞。气体本身没有体积，但可以被收集到固定体积的容器中。减小容器的体积将使容器内的分子之间靠得更近，而根据理想气体定律，压力和温度都将上升。

"看来有希望相信，在真空中，旗子是飘不起来的。"

亚瑟·C. 克拉克
（Arthur C. Clarke），1917—2008 年

1662 年	1672 年	1802 年	1834 年
提出波义尔定律（$PV=$ 常数）	发明帕潘氏热压蒸煮器	提出查理-盖吕萨克定律（$V/T=$ 常数）	克拉伯龙提出理想气体定律

理想气体的压力源自气体中的原子和分子与器壁间的碰撞或者分子、原子相互间的碰撞。根据牛顿第三定律（见第8页），反弹回来的粒子会对器壁施加一个反作用力。粒子与器壁之间的碰撞是弹性的，因此反弹回来时粒子不会损失能量或者黏附到器壁上。但是粒子将动量传递给了器壁，产生了压力。动量使容器有膨胀的倾向，而容器本身的强度则不允许其发生膨胀。容器所受到的力存在于各个方向，但是除了在与器壁垂直的方向外，其他任何方向上的力都是互相抵消的。

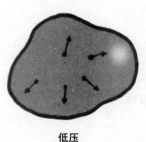

低压

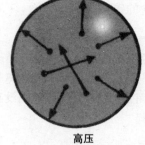

高压

提高温度会加快粒子运动的速度，使得器壁上感受到的力更大。热量传递到粒子后，增加了分子的动能，使其运动速度加快。这样，粒子与器壁碰撞后，传递的动量更大，于是又进一步增大了压力。

减小体积可以增加气体的密度，增加粒子与器壁碰撞的频率，导致压力上升。同时，温度也会上升，因为能量守恒，分子在受限空间内，运动速度会加快。

某些实际气体并不严格遵守该定律。由较大或较复杂分子组成的气体在分子之间会有额外的力存在，这意味着这种分子比理想气体中的分子更容易聚集在一起。这样的黏滞力可能是受组成分子的原子所带电荷的影响。在高度压缩气体或者冷冻气体等分子运动较为缓慢的气体中这种情况尤为明显。实际上，像蛋白质或者脂肪一类的黏性分子是从来不会变成气体的。

压力与海拔 爬山时，大气压会下降到低于海平面上大气压的水平，这是由于较高海拔处的大气较少的缘故。你可能还会注意到，海拔的升高也会带来温度的降低。飞机飞行时，机舱外的温度常常会降到零度以下。这也是理想气体定律的一个旁证。

由于海拔较高处的大气压较低，因此水的沸点比在海平面上要低，这样食物就不易煮熟，登山者就需要使用压力锅了。甚至达尔文都曾抱怨，在他 1835 年去安第斯山的时候连这样一个工具都没有。其实达尔文知道，在 17 世纪末期就有一位叫丹尼斯·柏潘（Danis Papin）的法国物理学家发明出"热压蒸煮器"了。

达尔文在《小猎犬号航海记》（*Voyage of the Beagle*）中写道：

"在我们休息的地方，水还是可以沸腾的。但由于大气压力较小的缘故，水的沸点比低海拔处的低。因此，煮了好几个小时的土豆还是那么硬。我们把锅搁在火上一晚，第二天发现锅里还在沸腾，土豆却还没煮熟。我是在第二天早上无意间听到两个伙伴讨论此事时才发现这一点的，他们的说法很简单：'这该死的锅（这锅是新的）就是不想把土豆煮熟而已。'"

真空 倘若能飞跃高山，到达大气层的上部，甚至进入外部空间，就能发现那儿的压力接近于 0。在宇宙中不存在不包含任何原子的绝对真空。即使在外部空间，也含有一些零星分布的原子，密度大概是每立方厘米几个氢原子。希腊哲学家柏拉图和亚里士多德认为绝对真空不可能存在，因为"无"是不可能存在的。

现在，量子力学理论也不再研究真空是否是不包含任何物体的空间，而是研究进出于存在物的虚拟亚原子粒子。宇宙学甚至提出，空间可能是一种负压，它表现为暗能量，会加速宇宙的膨胀。这样看来，大自然似乎是憎恶真空的。

压力锅物理学

09 热力学第二定律

热力学第二定律是现代物理学的基础。它的基本思想是热量只能自发地从高温物体传到低温物体，而不能从低温物体传递到高温物体。由于热量是混乱度或者熵的度量，因此热力学第二定律的另一种表达形式是：对孤立系统来说，熵总是增加的。第二定律与时间的演进和事件的发生相关联，是宇宙演化的最终归宿。

向一杯冰中加入热咖啡，冰因为温度升高而融化，咖啡则被冷却。那么你是否有过这样的疑问：为什么它们的温度不会变得更极端？咖啡为什么不会从冰决中吸收热量，从而使冰块的温度变得更低，而自身的温度变得更高？经验告诉我们那样的事情不会发生。那么为什么会这样呢？

较热物体和较冷物体有一种通过交换热量来达到相同温度的倾向。这就是热力学第二定律。它告诉我们，从整体上来说热量不能从低温物体传递到高温物体。

那么冰箱是如何工作的呢？如果不能把一杯橘子汁的热量传递到其他的物体上，如何才能将其冷却呢？热力学第二定律允许我们在特定情况下考虑该问题。冰箱将某物冷却，是有副产物形成的。这个副产物就是冰箱自身所产生的大量热。你把手放到冰箱的后部摸一下就不难明白了。正因为冰箱放热，若将冰箱及其所处的环境考虑成一个整体，冰箱的制冷仍旧遵守热力学第二定律。

大事年表

公元 1150 年	1824 年
婆什迦罗提出永动轮的概念	萨迪·卡诺（Sadi Carnot）奠定了热力学的基础

熵　热是混乱程度的度量。在物理学上，混乱度用"熵"度量，它测定的是一定数量项目的排列组合数。一包没有煮过的意大利面或者一扎挂面的"熵"是较小的，因为两者都是高度有序的。如果将意大利面放到一锅热水里去煮，它就会乱成一团，而混乱度的增加，导致熵增加。类似地，一列整齐的玩具兵的熵较低，如果将它们散乱地扔在地板上，熵就变大。

熵与冰箱的制冷有什么关系呢？热力学第二定律的另一种说法是，封闭系统的熵永远是增加的。温度与熵有着直接的关系。低温物体的熵值较低，是因为低温物体中原子的混乱度较小；高温物体中的原子振动更加剧烈，所以混乱度较高。因此，考虑到系统的所有部分，将其视为一个整体，熵变就一定是增加的。

再回过来考虑电冰箱的情形。橘子汁冷却后熵会变小，电冰箱排出的热气又补偿了熵的减小。实际上，热气的熵增超过橘子汁冷却导致的熵减。如果考虑包括冰箱和冰箱环境在内的整个体系，热力学第二定律仍然是成立的。热力学第二定律的另一种说法就是熵永远是增加的。

对于孤立系统，也就是没有能量流入和流出的系统来说，热力学第二定律仍然适用。孤立系统的能量是守恒的。从宇宙的定义上来说，由于宇宙之外不包含任何物体，它也是孤立系统。因此，将宇宙作为一个整体，能量是守恒的，熵也总是增加的。若某些区域的温度下降，那么熵的确是减小了。但正像电冰箱制冷一样，其他区域的温度必定会升高，补偿温度降低区域的熵减，因此整体上来说熵仍然是增加的。

> **"正因为熵增是宇宙的基本规律，因此生命就是不断抵抗熵的过程，也就是使机体变得更加有序的过程。"**
>
> 瓦茨拉夫·哈维尔
> （Vaclav Havel），1977 年

1850 年	1860 年	2007 年
鲁道夫·克劳修斯（Rudolf Clausius）定义了熵并提出了热力学第二定律	麦克斯韦假定了麦克斯韦妖的存在	利声称造出了机器妖

五彩斑斓（或单调）的宇宙

最近，天文学家们正在尝试计算出宇宙的平均颜色。通过对宇宙中的星光进行加和，他们发现，宇宙的颜色并不是像阳光一样的黄色或是粉色、淡蓝色，而是沉闷的米黄色。几十亿年之后，当熵最终胜过万有引力之后，整个宇宙将变成米黄色的海洋。

如何直观地表示熵的增加呢？如果将巧克力糖浆倒入一杯牛奶中，一开始熵是较小的。牛奶和巧克力糖浆相互分开，分别呈白色和棕色。如果加以搅拌使熵增大，牛奶分子和巧克力分子就会互相混合。混乱度最大的时候，巧克力糖浆和牛奶完全混合，呈现均一的浅棕色。

再重新考察整个宇宙。热力学第二定律表明，随着时间的推移，原子的混乱度会逐渐增大，各种不同的物质会缓慢扩散，直到整个宇宙都充满了这些物质的原子。因此，宇宙最终将由各种颜色的恒星和星系，演变成原子相互混合形成的灰色海洋。当宇宙膨胀到星系分散、物质稀释时，它就变成了粒子的海洋。如果宇宙继续膨胀，它的最终状态就是"热寂"。

永动 热是能量的一种形式，因此可用热来做功。蒸汽机将热转换为活塞或者涡轮机的机械运动，用来发电。人类大部分的热力学知识都是在19世纪开展的蒸汽机实践工程中获得的，而不是物理学家推导出来的。热力学第二定律的另一个含义是热机和其他使用热能的发动机都是不完美的。在将热能转化为其他形式能量的过程中，总要损失一小部分能量，因此系统的熵在整体上是增加的。

永动机是指不损失能量，而能永远运行下去的机器。自中世纪起，永动机就引起了科学家们极大的兴趣。热力学第二定律的出现粉碎了这个梦想。但在热力学第二定律被提出之前，许多人还是乐此不疲地提出了一些可能的机器模型。波义尔想象出一种杯子，可以自己排空和倒满。印度数学家婆什迦罗设想出一个轮子，可利用滚动时重量的下落推进自身的转动。实际上，如果仔细考察一下这两种机器，就会发现它们都是要损失能量的。这类的设想还有很多，甚至在18世纪使永动机背负恶名。法国皇家科学院和美国专利局对永动机一概不予考虑。现在，永动机仍是古怪私人发明家热衷的对象。

麦克斯韦妖　19 世纪 60 年代，苏格兰物理学家麦克斯韦提出了一个假想实验，企图说明热力学第二定律未必成立。该实验被认为是最具争议的实验之一。想象有两个并排放置的气筒，二者温度相同。在两个气筒上各钻一个孔，这样气体粒子就可以从一个气筒进入另一个气筒了。假如一侧的温度比另一侧高，那么过一段时间之后，由于粒子的通过，两边的温度将变得相等。之后，麦克斯韦就想象，有一个微观的小妖，它能够从一个气筒中抓出速度较快的分子，并将其放入另一个气筒，这样该气筒的温度就会升高，而另一个气筒的温度会降低。于是麦克斯韦推测，热量就可以从低温的气筒传递到高温的气筒了。那么这个过程是否违反热力学第二定律呢？通过选出速度较快的分子真的可以把热量传递到高温的气筒上吗？

另一种角度看热力学定律

第一定律
认输吧
（参见能量守恒，见第 18 页）

第二定律
你赢不了
（见第 34 页）

第三定律
你不能出局
（参见绝对零度，见第 38 页）

"麦克斯韦妖为何不成立"这一问题的解释多年来一直困扰着物理学家们。麦克斯韦的解释是，测量粒子的速度以及阀门的开合需要做功，也就是说需要能量。这意味着系统的熵是不会减少的。与"麦克斯韦妖"最接近的是爱丁堡物理学家戴维·利（David Leigh）的机器妖（demon machine）。这个机器的确可以将速度大小不同的粒子分开，但需要外部为它提供能量。也正是因为至今也没有一种办法能在无需外部能量的前提下将不同速度的粒子分开，直到今天物理学家们也没找出不遵循热力学第二定律的情况。至少在目前看来，热力学第二定律总是成立的。

混乱度定律

10 绝对零度

　　绝对零度是想象出来的温度。在该温度下，物质中的原子不发生运动。无论是在自然界还是在实验室里，绝对零度永远无法达到。不过科学家已经能够获得非常接近绝对零度的温度了。一方面，绝对零度无法达到；另一方面，即便是达到了绝对零度，我们也无从得知，因为没有任何一种温度计能测出其温度。

　　我们测量物体温度的时候，实际上测量的是组成该物体的原子的平均能量。温度是粒子振动或运动速度快慢的度量。在气体和液体当中，分子可以在各个方向上自由运动，互相之间经常发生碰撞，因此，温度是与粒子的平均运动速度相关的。在固体中，原子被束缚在晶格结构中，就像 Meccano 被电铸铸在一起。（译者注：这是一种儿童玩具的商标。）温度升高时，原子就变得活跃起来，振动加剧，如同晃动的吉露（Jello）果冻，不过，原子不能离开原来的位置。

　　如果对物质进行冷却，那么原子的运动就会慢下来。对气体来说，原子的运动速度减慢；对固体来说，原子的振动减缓。如果温度继续降低，原子运动或振动的速度还会进一步减慢。如果冷却的温度足够低，原子最终可以完全停止运动。这个假设的静止点就叫做绝对零度。

　　开氏温标　绝对零度的概念是在 18 世纪通过将温度—能量图外推到 0 而得出的，并被人们普遍接受。温度升高的时候，能量也升高。将连接这两个量的连线向后延长，就可以找到能量为 0 的点，亦即零下

大事年表

公元 1702 年	1777 年	1802 年
威廉·阿蒙顿（Guillaume Amontons）提出了绝对零度的概念	朗伯提出了绝对温度温标	盖·吕萨克规定绝对零度为零下 273.15 摄氏度

273.15 摄氏度或者零下 459.67 华氏度。

19 世纪，开尔文勋爵提出了一种将绝对零度作为零点的新温标。开尔文温标源自摄氏温标，但之后取代了摄氏温标。之前说水在 0 摄氏度结冰，而现在则说成是水在 273 开尔文下结冰，在 373 开尔文（相当于 100 摄氏度）下沸腾。开尔文温标的上限是水的三相点，也就是在特定压力下，水、水蒸汽和冰三相共存时的温度。该温度在低压下（低于 1% 大气压）为 273.16 开尔文或者 0.01 摄氏度。现在，许多科学家都采用开氏温标测量温度。

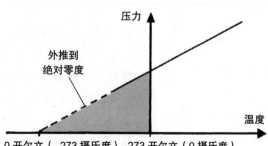

大寒冷 在绝对零度下会是什么感觉呢？户外温度达到冰点，大雪纷飞时的感觉大家都知道。呼吸都凝结了，手也开始麻木。真够冷的啊！北美局部地区和西伯利亚在冬季时温度可达到零下 10 到零下 20 摄氏度，而在南极，甚至可以达到零下 70 摄氏度。目前地球上有记录的最低温度是零下 89 摄氏度，或者 184 开尔文。该温度是沃斯托克（Vostok）于 1983 年在南极中心腹地测量到的。

登山或乘飞机进入大气层时，温度也会下降。如果再远一些，进入外部空间的话，温度会更低。但是，即便在空间的最深最空处，最冷的原子的温度也高于绝对零度几度。目前在宇宙中发现的最冷的环境位于回旋标星云（Boomerang Nebula）中。该星云是一团黑色的气体云，温度仅比绝对零度高了 1 度。

> **" 因为喜欢把冰棒放在绝对零度下冷冻，所以我比大部分美国人更经常地使用开氏温标。在我看来，小甜食只有在没有任何分子运动的时候，才是可口的。"**
>
> 查克·克罗斯特曼
> （Chuck Klosterman），2004 年

1848 年	1900 年	1930 年	1954 年
定义了开氏温标	开尔文发表"两朵乌云"的演讲	人们通过实验测量更精确地指出了绝对零度	绝对零度正式定义为零下 273.15 摄氏度

在星云之外的太空中，环境温度相对温和，约为 2.7 开尔文。温度较为温和是宇宙微波背景辐射的功劳，即大爆炸之后残余下的、充满整个空间的热量（见第 188 页）。如果要将温度进一步降低，必须对相应区域进行屏蔽，消除背景辐射的影响，使所有原子都将残余热量损失掉。因此，宇宙中实际上是不可能存在温度为绝对温度的区域的。

室内严寒 更低的温度可以临时在实验室中达到。物理学家们已经尝试在短时间内获得非常接近绝对零度的温度了，比太空的温度更加接近。

许多实验室中都使用过液态气体冷凝剂，不过这些冷凝剂的温度是高于绝对零度的。要将氮气冷却，冷凝剂的温度必须降至 77 开尔文（零下 196 摄氏度）。液氮易于罐运，并广泛用于医院中生物样本的保存（如生育门诊冷冻的胚胎和精子）以及先进电子器件等。将一只康乃馨花浸入液氮，它会变得很脆，掉到地上时会像瓷器一样摔成碎片。

液氦的温度就更低了，只有 4 开尔文，但是仍在绝对零度之上。通过将两种类型的氦，氦 3 和氦 4 进行混合，就可以将两者混合物的温度降至几千分之一开尔文。

" 在汤姆逊职业生涯的前半生，他好像从不犯错，而在后半期就错误频出了。"

C . 沃森（C. Watson），1969 年
（开尔文勋爵的传记作者）

要达到更低的温度，物理学家需要更聪明的办法。1994 年，在科罗拉多州博得尔市的美国国家标准技术研究所（National Institute of Standards and Technology，NIST），科学家们利用激光，将铯原子的温度降低到了千万分之七开尔文。9 年之后，麻省理工学院的科学家们又迈进了一步，他们获得了百亿分之五开尔文的低温。

开尔文勋爵 1824—1907 年

英国物理学家开尔文勋爵，原名威廉·汤姆逊，解决了许多电学和热学问题。不过他最著名的功绩是帮助建成了第一条跨越大西洋的海底电缆，该电缆用于传输电报。汤姆逊一生发表了600多篇论文，并被选为著名的伦敦皇家学会的会长。他是一位保守派的物理学家，不愿承认原子的存在，反对达尔文的进化论以及地球和太阳年龄的相关理论，于是常常将自己置于孤立无援的境地。开尔文河流经格拉斯哥大学和他的家乡（位于苏格兰海岸的拉格斯），汤姆逊因此被人们称为拉格斯开尔文男爵。1900年，开尔文勋爵在大不列颠皇家研究院发表了举世闻名的演讲，他为"理论的优美和清晰"被两朵乌云遮蔽的事实深感遗憾。这两朵乌云就是有缺陷的黑体辐射理论，以及人们尝试发现光传播所需的介质——"以太"或气体介质的失败。他提出的这两个问题后来被相对论和量子理论解决了，但当时汤姆逊一直想通过牛顿力学解决。

实际上，绝对零度是一个抽象的概念，它既不能在实验室中获得，也不能从自然界中测量到。科学家们一方面不断逼近绝对零度，另一方面也必须承认绝对零度事实上是永远也不能达到的。

为何绝对零度无法达到呢？首先，任何温度不在绝对零度的温度计都会从外界吸收热量，从而破坏对绝对零度的测量。其次，在如此低的能量之下测定温度的时候，超导效应和量子力学等其他效应会干扰测定，影响原子的运动和状态。因此我们永远也无法得知是不是测得了绝对零度。绝对零度实际上就是一种"实际上并不存在"的情形。

凝聚思想 大寒冷

11 布朗运动

  布朗运动描述了微小粒子受到肉眼看不见的水分子或气体分子的撞击而产生忽动忽停运动的现象。植物学家罗伯特·布朗在浸润的显微镜载玻片上观察花粉颗粒时，首次发现了这种现象。随后，爱因斯坦用严密的数学方法对其进行了描述。布朗运动是造成污染物在水体或大气中扩散的根本原因，它可以用于描述包括洪水和股票市场在内的许多随机过程。布朗运动的不可预测性与分形是相联系的。

  19世纪，植物学家布朗在显微镜下观察花粉颗粒时，发现花粉颗粒并不是静止的，而是四处游动的。起初他误以为这些颗粒是有生命的，但这个结论显然是不对的。花粉四处游动是由于不断受到载玻片上运动水分子的碰撞。花粉颗粒的运动方向是完全随机的，运动的距离时而小，时而大，花粉颗粒是沿着无法预测的轨迹在载玻片上逐渐游动的。其他一些科学家对布朗这个以其名字命名的发现深感困惑。

  随机行走 布朗运动之所以会发生，是因为只要被水分子撞上，花粉颗粒就受到了力的作用。在水溶液中，看不见的水分子时刻都在运动，彼此之间不断发生碰撞，所以也会频繁地撞上花粉。虽然花粉要比水分子大上几百倍，但是花粉每时每刻都受到众多水分子的撞击，而且被撞方向是完全随机的。从而导致花粉受力不平衡，发生细微的运动。

大事年表

约公元前 420 年	公元 1827 年
德谟克利特假设原子的存在	布朗观察到了原子的运动，并作出了解释

这种运动反复进行，就形成了锯齿状的路径，好比蹒跚的鸭子走出的路线。因为水分子的撞击是随机的，所以花粉的路径无法提前预测，花粉可在任何方向上运动。

　　布朗运动对悬浮在液体或气体中的任何微小粒子都有影响。像烟气颗粒这样较大的粒子同样也会有布朗运动，通过放大镜就能看到颗粒好像在空气中跳动。粒子所受碰撞力的大小与分子的动量有关。因此，如果液体或气体中分子的质量较大，或者速度较快（如高温流体），颗粒所受的撞击力就较大。

　　19世纪末期，人们开始致力于从数学上解释布朗运动。在爱因斯坦发表相对论和令他获得诺贝尔奖的对光电效应的阐述的同一年，即1905年，他发表了关于布朗运动的论文，引起了物理学家们的注意。爱因斯坦采用热学理论（也是基于分子碰撞），成功地解释了布朗所观察到的颗粒的精确运动。其他物理学家看到布朗运动为流体中原子的存在提供了证据，纷纷接受了原子理论。要知道，在20世纪初期，原子理论还是备受质疑的。

布朗运动的随机行走图

　　扩散　随着时间的推移，颗粒会因布朗运动而移动相当一段距离。但这种移动不如其在不受任何阻碍，以直线运动时来得远。这是因为颗粒运动具有随机性，第一步的运动还是向前的，紧随的下一步向前还是向后就难说了。所以，若将一组颗粒投入水中某处，无需任何搅拌和水流的辅助，颗粒自己就会扩散开来。每个颗粒都沿着自身的轨迹扩散，由聚集状态变为分散状态。扩散过程对于污染源的分散是相当重要的，例如大气中气溶胶的扩散。在无需任何风力的情况下，化学物质就可以通过布朗运动扩散开来。

分形 颗粒做布朗运动时的轨迹是分形的一个实例。路径上，每一步的步长和方向都是不确定的，但最终会呈现出一种整体形状。在不同比例下，整体形状中含有各种尺寸的结构，从所能想象到的最小情况到相当大的尽寸。而这正是分形的典型特点。

分形是由伯努瓦·曼德布罗特（Benoit Mandelbrot）于20世纪60或70年代定义的一种对自相似图形进行定量的方法。分形是分形维数的简称，它描述的是在任何放大倍数下看似完全相同的图案。如果放大图案中尺寸较小的部分，我们就会发现它与尺寸较大的部分并无差异。所以只是简单地看一眼并无法判断出放大倍数。这种重复的、无穷比例的图案在自然界中比比皆是，例如褶皱状的海岸线、树木的枝杈、蕨类植物的叶片以及六重对称性的雪花等。

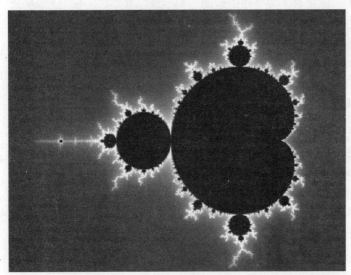

编者注：著名的分形图形——曼德布罗特集合（Mandelbrot set），最早由曼德布罗特发现。

若要讨论一定放大倍数下的长度和维数，就要用到分形维数的概念了。当沿着海岸线测量两个小镇之间的距离时，你可以说陆地之角（Land's End）与芒特湾（Mount's Bay）之间的距离是30千米。但如果将小镇之间的每块岩石都考虑在内，并用细线量出它们的半周长，那时所需细线的长度恐怕就要达到 100 千米了。再进一步，如果要量的不是岩石，而是海岸上的沙子，那么所需线的长度恐怕就要达到几百公里了。因此，这里所说的绝对长度取决于测量时所采用的标度。如果做法粗糙一些，就又回到了之前的 30 千米了。从这个意义上说，分形维度测量的是粗糙度，像云彩、大树或山脉之类。许多分形形状，例如海岸线的轮廓，都可以通过一系列的随机行走步骤得到。而随机行走与布朗运动是有关系的。

根据布朗运动（随机运动序列）所衍生出的数学理论，可以得出许多在科学领域得到广泛应用的分形图案。在计算机游戏中，可以用分形图案在背景上创建一些山脉、树林和云彩；在空间映射程序中，也可以使用分形对粗糙地带的凹凸表面进行建模，用来帮助机器人引导自己顺利通过不平坦的地域。当医生们需要分析身体中复杂部位的结构时，例如肺部诸多粗细不一的分支结构，就会发现该理论在医学成像上是非常有用的。

在预测未来诸多随机事件所招致的风险和情况时，布朗运动同样有用，例如洪水和股票市场的波动。股票市场可看作股票的组合，而股票价格就像布朗运动中分子的运动一样，是随机变化的。布朗运动也同样适用于诸如生产和决策之类的社会过程建模。总之，随机的布朗运动并非仅能描述一杯热茶中茶叶的运动，它有着许多种表现形式，并产生广泛而深远的影响。

看不见的微观舞动

12　混沌理论

　　混沌理论说的是环境中的微小变化在日后都会导致截然不同的趋向。如果你晚离房间30秒钟，或许会错过公交车，或许会碰到一个人给你介绍新工作，从此改变你的人生轨迹。混沌理论最有名的应用领域当属天气预报。小小的风涡常常可以在地球的另一端引发飓风，此即所谓的"蝴蝶效应"。但是，本节所指的混沌并不是文学意义上的混乱一词，在混沌中是可以发现一些模式的。

　　巴西的蝴蝶挥动一下翅膀就能在美国的德克萨斯州引发龙卷风，所言即是混沌理论。混沌理论认为，有些系统虽然起始点类似，但最后的行为却彼此各异。一个地区温度或者压力的微小变化就会引发一系列事件，导致另一地区降下倾盆大雨。

　　混沌一词在某种程度上是一种误称，它的含义其实并非完全混乱、不可预测以及没有任何结构。混沌系统是确定的。换句话说，如果知道了准确的起始点，结果将是可被预测以及可重复的。简单物理学描述的是：对一系列发生的事件，每次得出的结果都是一样的。但是如果只有最终结果，那么想要返回找到起始点几乎是不可能的。因为通过好几条不同的路径，最后可能都会获得此结果。这是由于造成两种不同结果的条件之间差别可能非常微小，甚至无法测量。于是，输入的微小不同就

大事年表

公元 1898 年

哈达玛撞球表现出混沌行为

可能导致结果的截然不同。正是由于结果间存在这种差异，如果无法确定输入值，那么最终结果的范围就很大了。拿天气来说，如果风涡的温度与你所认为的温度仅有几分之一摄氏度的差异，那么预测也可能完全失误，结果并不是暴风骤雨，而是细雨绵绵，甚至或者是临近小镇刮起了强烈龙卷风也未可知。因此，天气预报所能预测的天数是有限的。即便是从环球卫星和气象站那里能获得海量的天气数据，也只能预测到未来几天的天气情况而已。再往后，混沌带来的不确定度就太大了。

混沌理论的发展　混沌理论是由美国数学家、气象学家爱德华·洛伦兹（Edward Lorentz）于 20 世纪 60 年代正式提出的。在利用计算机对天气进行建模时洛伦兹注意到，对数据采用不同的舍入位数，会得出截然不同的天气类型。为了便于计算，他将模拟分作几块，通过将输出数据再次输入，尝试从中段开始计算。在输入时，打印的数据一律舍入到小数点后第三位，而计算机在处理时仍旧按照六位小数。因此，当在模拟中用 0.123 取代 0.123456 时，他发现得到的天气结果截然不同。计算机舍入数据造成的微小误差会对最终的天气预测结果产生显著影响。该模型是可重复的，因而不是随机的，但这之间的差异的确难以解释。为何初始数据的微小不同在某次模拟中会得到晴朗天气，在另一次模拟中却变成暴风骤雨呢？

通过更仔细的研究，洛伦兹发现最终的天气类型局限于一个特定的天气集中，他称其为"吸引子"。仅仅通过改变输入值是无法获得任意天气类型的。不过，虽然难以根据输入数据预先准确判断具体的天气类型，但得出天气类型集还是可能的。这是混沌系统的关键特征——遵循

1961 年

2005 年

洛伦兹开始研究天气预报

人们发现海王星的卫星轨道是混沌的

蝴蝶效应

混沌的主要思想是开始时的微小变化在后来会产生很大的分歧。提起混沌，人们常常会想到洛伦兹的"蝴蝶效应"。这个小生物挥动一下翅膀，就能引起龙卷风。这个思想，尤其是结合了时间旅行，频繁出现于电影和大众文化中，包括电影《蝴蝶效应》(*The Butterfly Effect*)，甚至《侏罗纪公园》(*Jurassic Park*)。在 1946 年的电影《风云人物》(*It's a Wonderful Life*) 中，主演乔治受天使的指引，知道了如果自己不曾出生，他的家乡就会变得更为恐怖。天使说："乔治，你得到了一份珍贵的礼物——你有机会看到如果不曾有你，世上将会是怎样的另一番景象。"乔治发现他的存在拯救了一个快要淹死的人。因之，他的人生确实是别样精彩。

整体模式，却无法将终点溯源到具体的初始输入值，原因在于能得出这些结果的路径相互之间有可能是叠加的。许多不同的途径都可能到达最终的结果。

我们可将输入和输出之间的关系作图，来显示某个特定的混沌系统所能表现出的行为范围。这样的图可以给出吸引子的解，有时被称作"奇异吸引子"。洛伦兹吸引子是一个著名的例子，它看似无穷多个彼此间存在位移和扭转的一系列互相叠加的图形，与蝴蝶翅膀的形状颇为相像。

混沌理论与分形理论基本是在同一时期被提出的。实际上，二者密切相关。许多系统的混沌解的吸引子图看起来就是分形。吸引子的精细结构中存在多种不同尺度的结构。

早期的例子 尽管计算机的出现才真正促成了混沌理论研究的启动（使数学家们可以反复输入不同数据，并计算系统的行为），然而很早以前人们就认识到了简单系统中的混沌行为了。例如，在 19 世纪末期，人们已经将混沌用于研究台球的路径和轨道的稳定性了。

雅克·哈达玛（Jacques Hadamard）研究了球类在弯曲表面上运动的数学规律，比如高尔夫球在场地上的运动，这被称为哈达玛撞球。在某些表面上，球的轨迹不稳定，会从表面上落下。而其他的球，虽仍停留在表面上，路径却是变化的。此后不久，亨利·庞加莱（Henri Poincaré）发现了在万有引力作用下三个天体运动轨道的解具有不可重复性。例如，地球若有两颗卫星，它们的运动轨道就是不稳定的。它们各自的轨道都在变化，却不会相互分开。于是数学家们尝试建立多天体运动理论（亦称作遍历理论），并将其用于解释湍流和微波电路中的电子振荡现象。自 20 世纪 50 年代以来，随着新的混沌系统的发现和电子计算机为计算带来的便利，混沌理论发展迅速。人类历史上第一台计算机 ENIAC 就被用于研究天气预报和混沌理论。

混沌现象在自然界中广泛存在，它不仅影响天气和其他流体流动，还影响多天体系统，包括行星的轨道。海王星有十几个卫星，且这些卫星的轨道不是一成不变的，每年都发生变化。这种不稳定性正是混沌造成的。于是，有些科学家认为，因为混沌的关系，我们所在的太阳系的稳定性最终也会被打破。如果几十亿年前，我们的行星和其他天体也卷入了一场巨大的撞球比赛，从而导致轨道的波动，直至所有不稳定天体都消失的话，那么今天我们所能看到的稳定的行星就是历经劫难而遗留下来的了。

> **"运输机上的人都死了！哈里没去那儿救他们，因为你也没去救哈里。乔治，你看你的生活是多么精彩。难道你看不出把它扔了该是多大的错误吗？"**
>
> 《风云人物》，1946 年

混沌中的秩序

13 伯努利方程

流动的流体的速度和压力之间的关系由伯努利方程给出。飞机为何能够飞入天空，血液如何流经身体，以及燃料如何注入汽车发动机，都可以用伯努利方程进行解释。快速流动的流体中可以产生低压，从而解释了机翼上的提升力和变细的自来水水流。丹尼尔·伯努利利用该原理，将细管直接插入病人的血管测定血压。

打开水龙头时流出的水柱要比水龙头出口细一些。原因何在？您能想象这与飞机飞行和血管成形术有关系吗？

荷兰物理学家和外科医生伯努利认为流动的水中可以产生低压，并且流速越快，压力越低。想象一个水平的透明玻璃管中有水流动。在该管上垂直插入一根透明的毛细管，然后通过观察毛细管内液位的变化就可以测量水流的压力了。水压越高，毛细管中的液位也越高，反之亦然。

伯努利发现，增加水平管中水流的速度，垂直管中的压力就会下降，而且压力下降的程度与水流速度的平方成正比。因此，任何流动的水流或流体都比静止时的压力低。从水龙头中流出的水流的压力要低于周围静止的空气，因此水流会变成一条细细的水柱。这对于包括水和空气在内的任何流体都是适用的。

大事年表

公元 1738 年

伯努利发现流体流速的增加会导致压力的下降

血液流动　受过医学训练的伯努利，对人体内血液的流动很感兴趣。于是他发明了一个测量血压的工具：直接将毛细管的一端插入血管中，来测定病人血压。这个方法一直沿用了将近 200 年。对所有病人来说，想出一种无损的方式来测量血压真是一件幸事。

像管内的水流一样，动脉中的血液是由心脏泵出，并沿着血管上的压力梯度流入全身各部的。根据伯努利方程，如果动脉较窄，那么流经此处的血液的速度会加快。如果血管窄一半，其内部的血液流速就变成之前的 4 倍（二次方）。动脉变窄导致血流速度加快会造成一系列问题。第一，如果血流速度太快，流动就会变成湍流，产生漩涡。靠近心脏部位的湍流会产生心杂音。医生为患者做检查时可以听到。第二，血管变窄所产生的压力差会令柔软的动脉血管壁收缩，进一步加剧此问题。通过血管成形术扩大血管，再次增加血流体积，就可以避免上述问题。

提升力　流体速度所造成的压力差有着重要的用途。飞机之所以能够飞行，靠的就是大气对机翼的推力。机翼的设计也是有讲究的，其上部边缘的弯曲程度比下部要大。由于气体在机翼上表面所经过的路程更远，速度更快，因此机翼上部的压力要低于下部。这种压力差就提供了飞机飞行时所需的提升力。只是飞机越重，速度就得越快，以便提供起飞所需的足够的压力差。

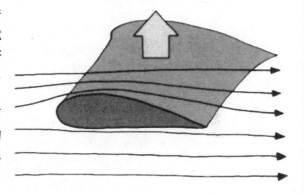

丹尼尔·伯努利（Daniel Bernoulli）1700—1782 年

瑞士*物理学家伯努利起初攻读的是医学，但他很快爱上了数学，并想子承父业。不过，作为数学家的父亲约翰劝自己的儿子不要研究数学。伯努利没有听从父亲的意见，于是父子俩一直是竞争对手。伯努利在巴塞尔完成了医学学习，却于1724年成为圣彼得堡的一位数学教授。在圣彼得堡，他与数学家欧拉一起研究流体，通过实验发现了流速与压力的关系。他的实验方法后被医生们采用，将管子插入动脉测定患者的血压。伯努利认为，流体的流速和压力遵循能量守恒的理论。流速增加，压力就降低。1733年，伯努利在巴塞尔争取到一个职位，不过他的父亲约翰却对儿子的成就心生妒忌。他不喜欢同儿子在一个系共事，并且不允许伯努利进入他的房间。即便如此，丹尼尔还是将他所著的书《流体动力学》（*Hydrodynamica*）献给了父亲。该书写于1734年，直到1738年才出版。但是丹尼尔的上司窃取了他的思想，并于不久出版了一本类似的书，叫做《水力学》（*Hydraulics*）。丹尼尔对这种赤裸裸的剽窃失望透顶，便毅然转向了医学研究，以此渡过余生。

*编者注：原书为荷兰。实际上，丹尼尔·伯努利只是出生于荷兰。

伯努利方程还能够解释燃油是如何通过化油器注射到汽车发动机中去的。化油器采用了一个叫做文丘里管（两端较粗，中间"腰部"较细的管子）的特殊喷嘴，使之产生低压空气。而后通过压缩和释放气流，就能吸入燃料，将燃油和空气的混合物送入发动机。

能量守恒 伯努利是在研究流体的能量守恒问题时得出伯努利方程的。流体（包括液体和气体）是可以发生变形的连续物质，但是它们也要遵循基本的能量、质量和动量守恒定律。流体由于不断流动，其内部原子的位置不断发生变化。但这些原子也同样必须遵守牛顿和其他人提出的运动定律。因此，任何流体中都没有原子的创造和毁灭，无非是原子的运动而已。必须要考虑原子互相之间的碰撞，而碰撞时原子的速度可通过线动量守恒来进行预测。而且，体系中粒子能量的总和是固定的，并只能在体系内部流动。

今天，我们同样是利用这些物理定律对流体行为进行建模，包括天气类型、洋流、恒星和星系的气体循环以及身体中体液的流动等。天气预报正是通过用热力学对大量原子的运动进行计算机建模而实现的。伴随着原子运动以及局部原子密度、温度和压力的改变而产生的热量变化，都可以用热力学来解释。而压力的变化与速度是相联系的，这也正是风从高压区吹向低压区的原因。对 2005 年横扫美国海岸的飓风"卡特里娜"的路径进行建模时也采用了相同的原理。

守恒定律被科学家提出之后，人们又进一步用一组纳维-斯托克斯（Navier-Stokes）方程对其进行了描述（该方程是以发明它的科学家来命名的）。方程考虑到了由组成流体的分子间相互作用力引起的流体的黏度和黏性的作用。它不是通过研究大量的原子行为来实现绝对预测，而是通过研究能量守恒，得到了流体粒子运动和变化的平均值。

虽然纳维-斯托克斯流体动力学方程能够解释诸如厄尔尼诺和飓风之类的复杂系统，但它却不能描述瀑布和喷泉之类的湍流。湍流是水体在受到扰动后发生随机运动而产生的，它不稳定，并伴有漩涡。当流体速度较快，变得不稳定的时候，就会出现湍流。由于很难从数学的角度描述湍流，因此目前已设立了各种现金奖项以奖励采用新方程描述这些极端情形的科学家。

"比空气重的东西是没法飞行的。我对除热气球之外的其他空中飞行丝毫没有信心，更不曾期望从耳闻的试飞中得到什么好消息。"

开尔文勋爵，1895 年

动脉和空气动力学

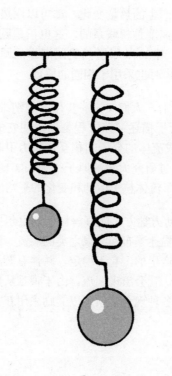

第二部分

波 的 秘 密

14 牛顿色彩理论

　　我们都曾惊叹于彩虹的美丽，而牛顿则对彩虹的形成原理作出了解释。他发现，白光在通过玻璃三棱镜之后就会分离出彩虹般的色调，说明白光是由七色光混合而成的，而不是由三棱镜所产生。牛顿的颜色理论在当时备受争议，却对以后的艺术家和科学家产生了深远的影响。

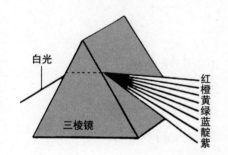

白光

三棱镜

红橙黄绿蓝靛紫

　　白光透过三棱镜后会呈现彩虹的七种色彩。其实，天空中彩虹的形成与白光透过三棱镜形成各色光是一个道理。阳光经过水滴的折射，就呈现出人们所熟悉的色彩光谱：红、橙、黄、绿、蓝、靛、紫。

　　混合色　17世纪60年代，牛顿在房间里完成了光和三棱镜的实验。实验表明将各种颜色的光混合之后，就能得到白光。各色光本来就是白光的基本元素，它们既不是由其他光混合而成，也不是之前人们认为的由三棱镜所产生。牛顿将红光和蓝光分离出来，并将其再次通过三棱镜时，发现这些单色光不能再被分开。

　　如今，色彩理论已经为人所熟知，可在牛顿那个年代人们对他的理

大事年表

公元 1672 年

牛顿阐明了彩虹的形成

论还是心存疑虑。牛顿的同行曾对该理论表示强烈的反对，认为色彩是由白光和黑暗（阴影）组合而成的。与牛顿争论最激烈的就是与他齐名的同时代物理学家胡克，他们公开地就色彩理论争论了一生。胡克认为牛顿发现单色光是因为使用了三棱镜的关系，就像透过有色玻璃看物体也会带上颜色一样。他通过实际生活中的许多异常单色光现象支持自己的观点，并且批评说牛顿的实验并不充分。

牛顿同样发现，在光亮的屋内，物体看起来有颜色，是因为它们散射或反射了该种颜色的光，并非物体本身带有颜色。红色的沙发主要反射红光，绿色的桌子主要反射绿光，绿松石反射蓝光和少量的黄光，其他颜色也都是由各基色混合而来的。

光波 牛顿认为对颜色的了解是光学的研究方法之一。通过进一步的实验，他推断光和水波在许多行为上是类似的。海水能绕过港口的墙基，而光可以绕过障碍物。如将不同的光束互相叠加，亮度可能加强，也可能减弱，这一点与水波的叠加是类似的。牛顿认为，如果水波是看不见的水分子运动的宏观表现，那么光波就是比原子更小的光子（或光粒子）振动的宏观表现。牛顿并不知道，几个世纪之后，人们发现光波实际上是由电磁波（电场和磁场耦合得到的波）的振动，而不是固体颗粒的振动引起的。自从人们发现光的电磁学性质，牛顿的粒子说就被抛弃。直到爱因斯坦发现光也具有粒子性（有能量，没有质量）后，粒子说才再次引起人们的注意。

> **"道法自然，久藏玄冥；天降牛顿，万物生明。"**
>
> 亚历山大·波普（Alexander Pope），
> 1727 年（牛顿的墓志铭）

1810 年

歌德发表了关于色彩的论文

1905 年

爱因斯坦指出光在某些条件下具有粒子性

波的运动有多种表现形式，最基本的类型有两种：纵波和横波。如果产生波的脉冲与波的传播方向相同，就会形成一系列高压和低压波峰，此时的波称为纵波，亦称压缩波。例如，鼓皮在空气中振动时产生的声波就是纵波。千足虫向前爬行时，身体一伸一张所形成的"环节"也是纵波。而光波和水波就属于横波，其扰动的初始方向与波的传播方向相互垂直。如果上下扳动软弹簧，沿着弹簧方向就会产生一个横波，而手的运动方向是与波的传播方向相互垂直的。蛇在地面上蜿蜒爬行时产生的波也是横波，它通过身体的左右移动前进。水波是横波，因为水分子只是上下跳动，而水波是在水平面上传播开去的。与水波不同的是，光波的横向运动是由于电场和磁场强度的变化而引起的，二者与光波的传播方向是垂直的。

色相环

牛顿将彩虹色按照从红到蓝的顺序绘制在圆形的色相环上。这样，颜色的相互组合就一目了然了。"红黄蓝"三基色在色相环上相互分开，将它们以不同的比例混合就能得到其他颜色。互补色，比如蓝色和橙色，位于相对的位置上。许多美术家对牛顿的色彩理论很感兴趣，尤其是他的色相环，在描绘对比色调和光照效果方面颇有用处。使用互补色则不仅能实现最强烈的对比，而且对阴影的绘制也很有用。

光谱　光的颜色不同反映出电磁波波长的不同。波长是相邻两个波峰之间的距离。白光通过三棱镜时，之所以会分成不同颜色的单色光，就是因为各色光的波长不同，因而被玻璃棱镜折射的程度也不同。光波通过棱镜后的折射角取决于光波的波长。红光的折射角最小；蓝光的折射角最大，不同波长的光就会形成彩虹般的色彩序列。可见光谱是按波长排序的：从波长最长的红光到绿光，再从绿光到波长最短的蓝光。

彩虹的两端分别是什么颜色的光呢？可见光仅占电磁波谱的一部分。经过长久的进化的适应，人眼已经变得对可见光区段非常敏感，这点非常重要。可见光的波长与原子、分子的大小基本处于近似的数量级（千万分之一米），因此可见光与材料中的原子存在较强的相互作用。人类的眼睛在进化得适应了可见光之后，对原子结构的判断就变得更加敏感。牛顿对人眼的视物机制极为着迷，他甚至将一根长针插入自己的眼睛与眉骨之间，来观察所施加压力的大小对颜色感知的影响。

红光之外就是红外光了，波长在几百万分之一米的量级。太阳的热量就是通过红外光传递到地球上来的。夜视镜也是通过采集红外光的辐射来"看到"物体的。波长更长的就是微波了，微波的波长通常从几毫米到几厘米，而无线电波的波长则可以达到几米或更长。微波炉利用微波电磁射线加快食物中水分子的旋转速度，就能将食物加热。在光谱的另一端，位于紫光之外的是紫外光。来自太阳的紫外光辐射会对人的皮肤造成损害。不过不用担心，大部分紫外光在到达地面之前都被地球上覆盖的臭氧层吸收掉了。波长更短的是 X 射线。它可以穿透人体，因此在医院经常会用到。波长最短的是伽马射线。

理论的发展　在牛顿从物理上对光作出解释后，哲学家和美术家对人类感知色彩的能力仍怀有浓厚的兴趣。19 世纪德国博物学家歌德（Johann Wolfgang von Goethe）研究了人眼和人脑对并排放置的各种颜色的识别机制。他在牛顿的色相环上增加了洋红色。他还发现，阴影的颜色与物体本身的颜色往往是互补的，比如红色物体的阴影往往是蓝色的。歌德的新色相环至今仍对美术家和设计师具有重要的参考价值。

彩虹尽头同样精彩

15 惠更斯原理

　　将一块石头投入水中，便会激起一圈圈由中心向四周扩散的的水波。水波为什么会扩散？如果水波遇上树墩之类的障碍物，或者从池壁处反射回来，它的运动方式又该如何预测呢？惠更斯原理给出了以上问题的解答。即假设波阵面（也称波前）上的每一个点都是新波源，就能够预测波动的变化情况。

　　荷兰物理学家克里斯蒂安·惠更斯提出了一个预测波的前进方向的实用方法。向湖中投一颗石子，就会激起一圈圈涟漪。假设可以将圆环形波纹在某一时刻固定住，那么就可以将波纹上的每一个点视为一个新圈环波的波源，且这些波源所产生的波纹与固定住的圆环形波纹具有相同的特点。这好比将一圈石子按照被固定住的波纹的形状同时扔到了水中，于是波纹扩大，所形成的波纹又成为下一组波源传播能量的起点。多次重复应用该方法就能得到水波扩散的轨迹。

　　循序渐进　将波阵面上的每一个点都视为新的波源，且各波源具有相同的频率和相位，这就是惠更斯原理的基本思想。波的频率就是一定时间内波动周期的数量。而波的相位则是波在每次波动周期中的位置。例如，所有的波峰都具有相同的相位，每个波谷与邻近波峰之间都差半个周期。读者可以想象一下海浪，两个浪尖之间的距离（我们称之为波长）假设是 100 米，那么它的频率，就是在 1 秒内通过某点的波长数。

大事年表

公元 1655 年	1678 年
惠更斯发现了土卫六	惠更斯发表了有关光的波动理论的论文

克里斯蒂安·惠更斯（Christiaan Huygens）1629—1695 年

惠更斯生于荷兰一个外交官的家庭，是一位贵族物理学家。他与 17 世纪欧洲的科学家和哲学家有着广泛的合作，包括大名鼎鼎的牛顿、胡克和笛卡儿。惠更斯最初发表的论文都是关于数学问题的，不过他也研究土星。作为一名实用科学家，惠更斯申请了摆钟的专利，并试着设计航海钟，用于在海上测量经度。惠更斯走遍了欧洲，尤其是巴黎和伦敦，与著名的科学家一起研究钟摆、圆周运动、力学和光学。虽然惠更斯曾与牛顿一起研究向心力，不过他认为牛顿的万有引力定律（及其所包含的超距作用的概念）是"荒谬"的。1678 年，惠更斯发表了关于光的波动理论的论文。

如果海浪以 100 米的波长通过某个点需要 60 秒，那么它的周期就是 1 分钟。发生海啸时海浪速度最快，最高可达每小时 800 千米（相当于喷气式飞机的速度），这些海浪在接近海岸时速度会降至每小时几十千米，并高高涌起来冲向海岸。

反复应用惠更斯原理，可以画出波在遇到障碍物或者与其他波相遇时的情况。假设已经在纸上画出了波阵面的位置，只要沿着波阵面一周上的点用圆规绘制出一系列半径相等的圆，再将圆的外边缘用光滑的曲线连接起来就能得到波的下一个位置。

惠更斯原理的简单方法可以描述多种情况下的波。线性波在传播过程中之所以能连绵不断，原因在于它产生的圆形小波会在波长的位置上汇聚起来，结果在最前端又形成了一个新的线性波阵面。如果观察几组平行线状海浪通过港口墙基上的小口时的情况，就会发现它们在通过之

1873 年	2005 年
麦克斯韦方程表明光是电磁波	惠更斯探测器在土卫六上着陆

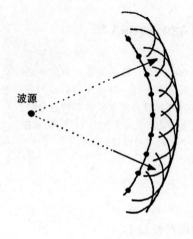

波源

后变成了弧形。虽然通过的只是非常小的一段线状海浪，但是在出口处却形成了弧形，根据惠更斯原理，会有新的圆形波纹产生。如果小口的大小与波间距相比足够小，那么通过之后的波就是半圆形的。这种波通过小口向另一侧继续传播的现象称为衍射。

2004 年，苏门答腊因地震引发了剧烈的海啸，波及整个印度洋。所幸的是，海啸在经过一些零零星星的岛屿时，由于衍射释放了一部分能量，使得某些地区受海啸的影响不大。

耳听为实?　惠更斯原理同时告诉我们，为什么你在隔壁屋里喊某人的时候，他仍能听见你，就像你站在过道里而不是隔壁屋。根据惠更斯原理，声波到达门口处就会形成一系列的点声源（这与海浪在港口墙基小口处的传播类似）。因此人们就误认为声音是在门口产生的，而之前声波的传播情况就丢失了。

同样，如果观察圆形水波碰到池壁时的情况，会发现反射产生的水波仍为圆形，只是方向相反。可见，波的反射也可用惠更斯原理进行解释。

土卫六上的惠更斯探测器

惠更斯空间探测器在太空中飞行了 7 年，于 2005 年 1 月 14 日在土卫六表面着陆。有几米厚的保护壳的惠更斯探测器，在从土卫六大气层降落到地表的过程中，开展了一系列实验，测定了风速、大气压、温度和地表成分。土卫六上的世界很奇特，大气层和地表的成分都是甲烷。有人认为，土卫六有可能孕育出原始生命形式，如甲烷营养细菌。惠更斯探测器是首例在外太阳系的天体上着陆的探测器。

如果海波进入较浅的水域，例如海滩，速度就会发生变化，而且波阵面也会弯向浅水区。对海波的这种"折射现象"，惠更斯的解释就是某些子波的半径变小了。波的速度越慢，产生的子波就越小。由于子波的速度快慢不一，于是新的波阵面与之前的波阵面之间就会产生一定的角度。

惠更斯原理的一个不太现实的推论是：如果所有新产生的小波都可视为波源的话，那么这些波源应该既能形成向前传播的波，也能形成向后传播的波。然而，对于波为什么总是向前传播，惠更斯没有给出答案，他只是假定波是向外传播，且折回的波是可被忽略的。因此，惠更斯原理对于预测波的传播是一个很有用的工具，但却并不是一个全面的解释性定律。

土星环 除对水波感兴趣外，惠更斯还发现了土星环。他首次指出围绕在土星周围的是扁平的圆盘，而不是卫星或者赤道的隆起。这也可用于解释卫星的轨道。牛顿的万有引力定律也适用于圆形轨道上运行的小天体。1655 年，惠更斯发现了土星最大的卫星——土卫六。350 年后，"卡西尼"宇宙飞船携带一个以"惠更斯"命名的探测器到达土星。该探测器穿过"土卫六"的大气层坠落到由固体甲烷所覆盖的土星表面。土卫六上有陆地、沙丘、湖泊，可能还有河流。土卫六上没有水，它全部由固态和液态的甲烷、乙烷组成。假如惠更斯知道了有一个以自己名字命名的飞行物到达了土星，恐怕会大吃一惊吧。而土星上波的研究工作仍采用了惠更斯原理。

> **"只要坚持自己的理想……就有希望。这希望虽小，但与其他千千万万的希望汇聚在一起时，所产生的力量和勇气就能横扫一切压迫和抵抗。"**
>
> **罗伯特·肯尼迪，1966 年**

一往无前，波澜壮阔

16 斯涅尔定律

装有水的玻璃杯中的吸管看上去为什么是向下弯的？由于光在空气和水中的传播速度不同，因此导致光线发生弯曲。光线弯曲的程度可以根据斯涅尔定律计算出来。斯涅尔定律还解释了炙热的马路上为什么会出现海市蜃楼，以及游泳池中人的腿为什么会变短。如今，人们根据斯涅尔定律，又设计出了人眼看不见的智能材料。

如果在清澈的游泳池中，你朋友的腿看起来比站在地面上要短，你是否也会发笑呢？从水杯的一侧看杯中变弯的吸管时，你是否也有过困惑？斯涅尔定律给出了解释。

光线在不同材料中的传播速度不同。光线在穿过两种材料的界面时（比如水和空气之间的界面），会发生弯曲，这种现象叫做折射。斯涅尔定律描述了光线在不同材料间传播时的弯曲程度。这个定律是以 17 世纪荷兰数学家威里布里德·斯涅尔的名字命名的，而实际上斯涅尔本人并没有将该定律发表。自笛卡儿于 1637 年发表了一个证明后，该定律也曾被称为斯涅尔-笛卡儿定律。其实，早在 10 世纪，就有著作中提到光线的这种性质了，只是当时并没有人郑重其事地将这一发现公之于众罢了。

光线在密度较大的材料（比如水或玻璃）中传播的速度比在空气中要慢。所以，入射到游泳池的水中的阳光在到达水面时会向池底的方向弯折。但人看到的是出射光线，而出射光线是以较小的角度射入人眼中

大事年表

公元 984 年	1621 年	1637 年
伊本·塞赫勒（Ibn Sahl）记述了折射和透镜	斯涅尔提出了折射定律	笛卡儿发表了与斯涅尔类似的定律

的。虽然光线是从水中反射出来，进入空气后才到达人眼，但在人眼看来，光线好像一直是从空气中沿着直线传播过来的，而不是从水中射出来的。因此人站在水中时双腿看起来变短了。夏天马路上出现的海市蜃楼奇观的原理与此类似。光线在到达路面之前，入射角会逐渐变小。这是由于马路上的沥青经日晒后，温度升高，紧贴马路的空气层温度较高，光线入射到该层之后会改变传播方向。而热空气比冷空气的密度小，因此光线会逐渐偏离垂直方向，于是就能看到马路上的蜃景了。

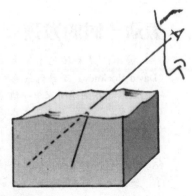

　　光线在界面处弯曲的角度与其在两材料中传播的相对速度有关。速度之比等于两个入射角（入射光线与法线的夹角）的正弦值之比。因此光线从空气射向水中或其他密度较大的物质中时，会向法线弯曲，传播路径变短。

　　折射系数　光在真空中的传播速度是每秒 30 万千米。光从密度较大的材料（如玻璃）入射到真空中时，两者的速度之比称为该材料的折射系数。按定义，真空的折射系数是 1，那么光在折射系数是 2 的物质中传播的速度就等于光在真空中传播速度的一半。折射率越高，光线传播时偏离法线的程度越大。

　　折射系数是物质自身的性质。现在已经可以设计出具有特定折射系数的实用材料，如帮助人们矫正视力的透镜。透镜和棱镜的放大倍数是由折射系数决定的，高倍透镜的折射系数较大。

糖分与折射系数

　　葡萄酒酿造和果汁生产也要用到折射系数。在葡萄汁转化为葡萄酒之前，酿酒人可用折射计测定果汁中糖分的浓度。溶解的糖分越多，果汁的折射系数越大。知道了糖分的浓度就能估计发酵出的酒精量。

1703 年

惠更斯发表了斯涅尔定律

1990 年

超级材料问世

轰动一时的发现

　　游泳池是英国艺术家大卫·霍克尼（David Hockney）绘画时最喜欢的主题之一。他喜欢在加州的家中一边享受着日光浴，一边尽情地绘制人体在水面下游动时的景象。2001 年，霍克尼提出了一个让整个艺术界都为之震惊的观点：早在 15 世纪，就已有著名艺术家利用透镜进行创作了。使用简单的光学装置，可以将景物投射到画布上，艺术家可以沿着景物的轮廓进行绘制。霍克尼是在欣赏古典大师（安格尔和卡拉瓦乔）的作品时，发现了其隐含的几何形状的印迹。

　　不仅是光，任何波都能发生折射。比如，海浪前进的速度与海水深度有关，深度越浅，速度越慢，这正是其折射系数发生变化的体现。因此，原本与海岸线成一定角度的海浪，会在逐渐接近海滩的过程中弯向海滩。这就是一排排海浪在冲上海滩时，总是平行于海岸线的原因。

　　全反射　光在玻璃中传播到其与空气之间的界面处时，如果光线与界面的夹角较小，它有时就会完全从界面上反射回来，而不会继续向空气中传播。这种光到达界面后被反射回来的现象叫做全反射。全反射临界角的大小由两种材料的折射系数的相对大小决定。只有在光从折射系数较大的材料进入折射系数较小的材料时，才会发生全反射，例如从玻璃进入空气。

　　费马最小时间原理　斯涅尔定律是费马最小时间原理的直接结果。费马原理说的是光在物质中传播时采取最短的路径。因此，光线在通过一组折射系数不同的材料时将选取最快的路径，优先在低折射系数的材料中进行传播。这其实正是光的一种定义。根据惠更斯原理，传播时采取最快途径的光波会互相加强，形成光束；而沿其他方向随机传播的光波会相互抵消。该原理在光学研究处于巅峰的 17 世纪由费马提出。

　　超颖材料　如今，物理学家们已经设计出了一种新型特殊材料——超颖材料。这种材料经光或其他电磁波的辐射会表现出不同寻常的行为。超颖材料在光照下的外观是由其物理结构而非化学成分决定的。猫眼石就是一种天然的超颖材料。它的晶体结构影响光在表面的反射和折射行为，从而产生不同颜色的光。

皮埃尔·费马（Pierre Fermat）1601—1665 年

费马是他所处的年代中最伟大的数学家之一。他是图卢兹市的一名律师，业余时间研究数学。一次，费马给巴黎的一位著名数学家写了封信，从此声望大增。不过，费马其实希望的是能有东西发表出来。他同笛卡儿就他提出的折射理论展开了争论，并说笛卡儿是"盲人在黑暗中摸索"。笛卡儿很生气，不过结果证明费马是正确的。之后，费马将自己的工作提炼成费马时间最小原理，亦即光总是采取最短的路径传播。但因为法国内战和瘟疫的爆发，他的工作被迫中断。谣言盛传费马死于瘟疫，但实际上费马此时正在研究数论。费马最有名的工作是费马大定理：两个立方数之和不可能是立方数（对于更高次方仍成立）。他在一本书的留白处写道："我发现了费马大定律的证明方法，篇幅所限，此处不详细写出了。"但该证明方法整整困扰数学家们三个世纪，直到 1994 年才被英国数学家安德鲁·维尔斯（Andrew Wiles）解出。

20 世纪 90 年代，出现了具有负折射系数的超颖材料。在这种材料中，光线在界面处会向着相反的方向传播。如果你朋友面向你站在一个具有负折射系数的水池中，那你所看见的就不是他们变短的大腿正面，而是后面的腿肚子朝前了。具有负折射系数的超颖材料可用于制造"超透镜"，其获得的图像比目前最好的透镜还要清晰。2006 年，物理学家们成功地制造出了超颖材料"隐形装置"。这种装置用微波是根本发现不了的。

光总是沿最短路径传播

17 布拉格定律

DNA双螺旋结构就是通过布拉格定律发现的。该定律解释了波在通过固体的有序结构时，是如何互相加强，产生斑点花样的。而斑点间距与固体中原子或分子的间距有关。通过测量斑点花样就能推断出晶体材料的结构。

坐在亮着灯的房间中，将手靠近墙壁，就会在墙上看到手的一个清晰的轮廓。如果手离墙面远一些，影子的轮廓就会变得模糊。这是因为光围绕着手发生了衍射现象——光线会向手的内侧传播，使轮廓变得模糊。所有的波都具有这样的特性。水波能发生衍射，绕过港口的墙基；声波则可以延伸到音乐会舞台的边缘。

惠更斯原理对衍射现象进行了描述。该原理将波阵面上的各点都视为新的点源，藉此预测波的传播方向。每个点源都产生圆形波。这些波互相叠加，描述出波进一步传播的方向。如果波阵面的传播受到限制，则端点处的圆形波依旧可以不受阻碍地传播。这种现象发生在一系列波在传播过程中遇到障碍物的条件下，例如手、小孔、港口或出入口。

X射线晶体学 澳大利亚物理学家威廉·劳伦斯·布拉格发现波在通过晶体时也能发生衍射。晶体是由许多原子堆积形成的有序结构。布拉格将通过晶体的 X 射线投射到屏幕上，发现 X 射线会沿各列原子发

大事年表

公元 1895 年	1912 年
伦琴发现了 X 射线	布拉格发现了衍射的布拉格定律

威廉·劳伦斯·布拉格（William Lawrence Bragg）1890—1971

布拉格生于阿德莱德，他父亲威廉·亨利（William Henry）当时是这里的一名数学和物理学教授。一次布拉格从自行车上摔下来，胳膊骨折，这样他就成了第一个将 X 射线应用于医学的澳大利亚人。大学期间的布拉格主攻物理，毕业后随父亲来到英国。在剑桥大学，布拉格发现了 X 射线的晶体衍射现象。他曾与父亲就此作过讨论，这使得很多人认为是布拉格的父亲发现了布拉格定律，令他颇为不快。第一次和第二次世界大战期间，布拉格参军，从事声呐工作。之后，他回到剑桥，建立了几个研究小组。晚年的布拉格从事大众科学传播工作，在伦敦皇家学院为学校儿童举办讲座，常常在电视上露面。

生衍射。在某些方向上，射线互相加强，形成斑点图形。晶体类型不同，斑点图形就不同。

X 射线是由德国物理学家威廉·伦琴于 1895 年发现的。X 射线的波长较小，大约是可见光的波长的千分之一，比晶体中原子的间距还要小。因为 X 射线的波长小到足以使其可以通过晶体结构，并且发生明显的衍射现象。

X 射线通过晶体后的信号如果"同相"，得到的斑点是最亮的。同相波的波峰和波谷是对准的，可互相叠加，增加亮度，产生亮斑。如果波不同相，那么波峰和波谷因为没有对准而互相抵消，光也随之消失。因此如果看到亮的斑点图形，就能根据斑点之间的间距得出晶体中各列原子的间距。波之

> **"在科学领域，比所获新知更重要的是归纳新知探索过程中所运用的全新的思维方式。"**
>
> 威廉·布拉格爵士，1968 年
> （编者注：此处的威廉·布拉格爵士是威廉·亨利。）

1953 年

使用 X 射线晶体学发现了 DNA 的结构

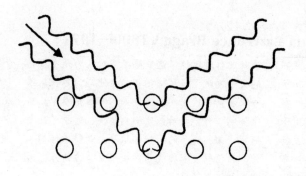

间的增强和抵消效应叫做"干涉"。

布拉格将上述现象写成了数学公式的形式。他考虑两束波，一束从晶体表面反射出来，另一束入射到晶体表面之下的一层原子上。第二束波如果要与第一束保持同相，两者互相加强，就要求前者多经过的距离必须比后者多出波长的整数倍。这段距离是由射线的入射角和原子层间距决定的。布拉格定律说明了一定波长下观察到的干涉现象与晶体间距之间的关系。

深层结构 研究分子结构的化学家和生物学家们广泛使用 X 射线

DNA 双螺旋

　　20 世纪 50 年代的研究者一直不清楚生命的基本单元 DNA 的结构。1953 年，英国物理学家詹姆斯·沃森（James Watson）和弗朗西斯·克里克（Francis Crick）发表了 DNA 的结构，实现了 DNA 研究的重大突破。他们从伦敦帝国理工学院的研究者莫里斯·威尔金森（Maurice Wilkinson）和罗瑟琳·富兰克林（Rosalind Franklin）那里获得了灵感。威尔金森和富兰克林利用布拉格定律获得了 DNA 的 X 射线晶体照片。富兰克林的 DNA 照片非常清晰地显示出一组干涉斑点，正是基于此，才使 DNA 的结构最终被发现。克里克、沃森和威尔金森因为在揭示 DNA 结构方面所做的工作而获得了诺贝尔奖。而富兰克林英年早逝，未能获奖。有人认为富兰克林对 DNA 结构的发现所作的贡献被贬低了，并将此归结于当时性别歧视者对待女科学家的不公正态度。并且，富兰克林的研究结果可能在她本人并不知情的情况下泄漏到了沃森和克里克手里。如今，人们已经认可了富兰克林对发现 DNA 结构所作的重要贡献。

威廉·伦琴（Wilhelm Rontgen）1845—1923 年

伦琴生于德国的下莱茵，小时候来到荷兰。他在乌得勒支和苏黎世学习物理，之后在几所大学任教，最后成为维尔茨堡大学和慕尼黑大学的教授。伦琴的工作集中在热学和电磁学方面，最有名的工作是于 1895 年发现的 X 射线。在对低压气体通电时，他在暗处发现了化学涂层荧光。这种新的射线能透过许多材料。他让夫人将手放在照相底片上，发现 X 射线也能穿透手。因为不知道这种射线的来源，伦琴将其称为 X 射线。后来，人们知道 X 射线跟光一样，也是电磁波，但频率更高一些。

晶体学对新材料的结构进行确定。1953 年，沃森和克里克确定了 DNA 的双螺旋结构。他们在研究了罗瑟琳·富兰克林测得的 DNA 的 X 射线干涉图形之后，指出 DNA 的结构一定是双螺旋。

X 射线的发现和 X 射线晶体学的出现，首次为物理学家们提供了研究物质内部，甚至人体内部深层结构的工具。如今的医学成像所采用的诸多技术也是基于类似的物理学原理。计算机断层摄影（CT）好比把身体切成很多切片，之后再将切片的 X 射线图组合成实际的人体内部图；核磁共振成像（MRI）技术利用强大的磁铁，通过分子振动扫描人体组织的水分；正电子放射造影（PET）追踪的是人体内放射性物质的流动。所以，正是有了像布拉格这样的物理学家们的贡献，才有了今天医生和病人的幸福。

布拉格定律的数学形式是 $2d\sin\theta=n\lambda$。其中 d 是两原子层之间的距离，θ 是光的入射角，n 是整数，λ 是波长。

凝聚思想 结构测定

18 夫琅和费衍射

为什么用照相机永远拍不出完美的照片？人的视力为什么是不完美的？不管多么小的点在通过人眼或照相机镜头时都会因为光线损失而变得模糊。夫琅和费衍射描述了远处传来的光线变模糊的原因。

远处的轮船从天水交接处驶来，我们是没法看清楚轮船的名字的，唯有借助双筒望远镜进行放大。为什么人眼的分辨率是有限的呢？这是由瞳孔的大小决定的。瞳孔必须张开得足够大，才能让足够多的光进入，以触发眼睛内部的传感器。但是瞳孔越大，入射光就会变得越模糊。

通过透镜进入人眼的光方向各异。瞳孔越大，可进入的光线的方向就越多。与布拉格定律一致，不同光路上的光是否会发生干涉，取决于这些光的相位是否相同。大部分的光相位是相同的，可形成清晰的中心亮点。但如果相邻的光线互相抵消，且边缘出现一系列黑白相间的条纹时，亮点就会变小。而中心亮点的大小决定了眼睛所能看到的最佳细节。

远场 夫琅和费衍射以德国知名的镜头制造者约瑟夫·冯·夫琅和费的名字命名。夫琅和费衍射描述了光线通过狭缝或透镜变成平行光线时所得图片会变模糊这一现象。夫琅和费衍射也称为远场衍射。远处的

大事年表

公元 1801 年	1814 年
托马斯·杨做了双缝衍射实验	夫琅和费发明了分光镜

光源（如太阳和恒星）所发出的光通过透镜后就会发生夫琅和费衍射。我们的眼睛、照相机或者望远镜都可以视为透镜。就像人的视力的局限性一样，照相机也会因为衍射效应而导致照片模糊。因此，只要光线经过了光学系统，获得照片的清晰度就自然有一个限度，称为"衍射极限"。衍射极限与光的波长以及狭缝或透镜大小的倒数成正比。因此蓝色照片看起来比红色的要略微清晰一些，而采用大狭缝或透镜拍摄的照片会更清晰。

衍射　就好像手影的边缘会因为光的衍射变模糊一样，光线在通过小孔或狭缝时也会发散。狭缝越小，光发散得越厉害。这点或许与人们的直觉正好相反。如果将通过小孔的光投射到屏幕上，中心会出现一个最亮的点，而周围是交替出现的明暗条纹（干涉条纹），且条纹的亮度从中间到两侧递减。原因是大部分的光线都是水平通过，并互相加强的。只有偏离一定角度的光线互相之间会发生干涉，产生亮暗条纹。

孔越小，光线的路径就越受到限制，因而明暗条纹间距就越大，多条条纹也越相似。如果将两块丝巾之类的薄纱放到光源处，并调节两者之间的相对位置，通过交叠的经纬线就会得到类似的亮暗条纹。如果将一块薄纱放在另一块的上面，然后再不断旋转。这样一来，两块薄纱的上下关系就会不断变化，在薄纱上就会看到一系列亮暗区域。交叠的经纬线所产生的亮暗图案也称为"莫尔条纹"。

如果狭缝或透镜是圆形的，与人的瞳孔和一般照相机光学系统相同的话，则中心点和周围的条纹就是一系列的同心圆，称为"艾里环"（或艾里斑），这是以 19 世纪苏格兰物理学家乔治·艾里（George Airy）的名字命名的。

1822 年

首个菲涅尔透镜被用于灯塔

近场 尽管夫琅和费衍射经常可以见到，但如果光源离狭缝所在的平面很近，就会得到稍有不同的图形。此时，入射光线不再平行，到达狭缝的波阵面也不再是直的，而是弯曲的。因此就出现了不同的衍射图形，条纹间距也不再相等。波阵面的形状是一系列的同心曲面，好像一层层拨开的洋葱，每两层之间相距一个波长，中心是波源。这些波阵面到达透镜平面时，就会被透镜切开，好像沿着中心切开的洋葱一样。对狭缝来说，波阵面好比是一组圆圈，每个圆圈都代表一个区域。通过该区域的波彼此相距不到一个波长。

夫琅和费衍射

弯曲的光线的混合可通过将狭缝处的圆形波所发出的光进行叠加来得到。平行光线在屏幕上得到的是一系列的亮暗条纹，但条纹间距不再相同，离中心越远的条纹间距越小。为纪念发现该现象的 19 世纪法国科学家奥古斯丁·菲涅尔（Augustin Fresnel），该现象被称为菲涅尔衍射。

菲涅尔发现，改变狭缝，就能改变光通过狭缝后的相位，从而使得到的图形发生变化。基于此，他发明了一种新型透镜，只允许同相的波通过。要做到这一点，一种办法是刻出一系列与波的（假设）负波谷位置完全匹配的圆环，只允许正波峰通过，这样就几乎不存在干涉消除；另一种办法是使波谷的相位移动半个波长的距离之后再行传播，这也能使该波与正常通过的波变成同相。在合适的位置放上较厚的玻璃圆片，可以将特定相位光的速率减慢到需要的水平，使波长发生位移。

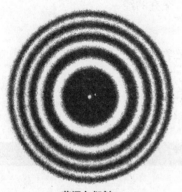

菲涅尔衍射

菲涅尔基于上述原理设计出了灯塔透镜，并于 1822 年首次在法国安装。读者可以想象，要将一副眼镜的透镜放大多少倍才能适于高 50 英尺（1 英尺 =0.3048 米）的灯塔。菲涅尔采用了一些大而薄的玻璃环，每个玻璃环的重量仅

杨氏双缝实验

在1801年的著名实验中，托马斯·杨似乎清楚地证明了光就是波。两束光通过两个狭缝发生衍射时，不仅能观察到两个衍射面的叠加，还能观察到通过狭缝的光线相互干涉出现的条纹。光线相互干涉产生亮暗条纹，条纹间距与双缝间距成反比。因此通过双缝实验可以得到与原来宽阔的单缝衍射图形不同的复合精细条纹图形。平行狭缝越多，二次干涉图形越清晰。

为单个凸透镜重量的几分之一。菲涅尔透镜常用于车前灯的聚焦，有时也安装在车后窗上（透明塑料蚀刻薄板），供司机倒车时查看路面。

光栅　夫琅和费设计出了第一个衍射光栅，拓展了干涉现象的研究。光栅具有一系列的缝隙，如许多平行狭缝。夫琅和费利用一组平行狭缝制出了光栅。衍射光栅不仅可以让光通过，且因为有多个狭缝，还能使通过的光发生干涉现象。

由于光也能发生衍射和干涉现象，因此光的行为与波在许多情况下是相同的。不过，情况并非总是如此。爱因斯坦和其他一些科学家发现，如果采用正确的方法进行观察，光不仅会表现出波的性质，还会表现出粒子的性质。量子力学的诞生就源自这个观测。令人吃惊的是，在双缝实验的量子力学模型中，光知道何时应该表现为波动性，何时应该表现为粒子性，并根据实验者观察的方式改变自身性质。这一点读者在本书后边的内容中将会看到。

凝聚思想

干涉光波

19 多普勒效应

我们都有过这样的体验，呼啸而过的救护车鸣笛声会发生变化。波源向着你所在方向移动时，所发出的波会被压缩，听上去频率升高了；与此类似，波源离你而去时，所发出的波会分散开来，从而需要更长时间才能被接收，造成频率下降。这就是

所谓的多普勒效应。多普勒效应可用于检查超速车辆，测量血流以及宇宙中恒星和星系的运动。

马路上从你面前呼啸而过的救护车，鸣笛声会发生变化：救护车向你开来时鸣笛声频率升高，离你而去时鸣笛声的频率下降。这种声调的变化就是多普勒效应，它是于 1842 年由奥地利数学家和天文学家多普勒提出的。多普勒效应发生的原因在于发射声波的物体与观察者之间存在着相对运动。汽车驶来时，声波被挤压，波阵面之间的距离也被压缩，因此声波的频率升高；汽车离去时，各波阵面需要更长的时间才能传播到听者，波阵面的间隔变大，频率下降。声波实际上是压缩空气产生的脉冲。

往复运动 想象有个人在行驶的火车上以一定的频率（每 3 秒 1 个，用腕表计时）不断地连续向你扔球。如果火车向你驶来，球到达你

大事年表

公元 1842 年

多普勒在论文中提到了星光的色偏现象

克里斯蒂安·多普勒（Christian Doppler）1803—1853 年

多普勒生于奥地利萨尔茨堡的一个石匠家庭。他小时候体质较弱，无法继承家业，于是到了维也纳的一所大学学习数学、哲学和天文学。多普勒起先不得不从记账员做起，甚至还考虑过移民美国，之后他在布拉格的一所大学找到了一份工作。尽管被提升为教授，然而教学工作实在繁重，令多普勒健康受损。他的一位朋友写道："很难想象奥地利会出现这样一位多产的天才。我给……很多人写信反映此事，为了多普勒本人，为了科学，不要给他过多的负担。但很不幸，多普勒还是因劳累过度而去世。"多普勒最后离开布拉格，回到了维也纳。1842 年，他在一篇论文中提到了星光的色偏现象，也就是我们现在所说的多普勒效应。

"现在大家几乎确信，在不久的将来，这种测定某些恒星运动和距离的方法（多普勒效应）会受到天文学家的推崇。这些恒星因为距离太遥远，或者星位角太小，用一般的方法几乎无法测量。"

虽然人们认为多普勒颇具想象力，但其他著名科学家对他的评价褒贬不一。诋毁者对多普勒的数学能力提出质疑，而朋友们则对他的创造力和直觉颇为赞赏。

所在的位置所需的时间就不足 3 秒。原因是球每次被抛出时，火车离接球者都更近了。在接球者看来，抛球的频率增加了。而如果火车正离接球者而去，那么要接到球就需要更长的时间。原因是每次被抛出时，球都要运动更长的距离，因此接球的频率就降低了。如果能用腕表测出频率的变化，就能计算出火车的速度。多普勒效应适用于任何存在相对

1912 年

维斯托·斯里弗（Vesto Slipher）测出了星系的红移

1992 年

首次用多普勒方法探测到了太阳系外行星

> **也许其他遥远行星上的人们接收到地球传去的波时，所听到的只有不绝于耳的尖叫声。**

艾丽丝·默多克
（Iris Murdoch），1919—1999 年

运动的物体。如果接球者在运动的火车上，而抛球者静止不动，情形是一样的。作为一种测速方法，多普勒效应有诸多应用。医学上的血流计和路边追踪超速司机的雷达都是基于多普勒效应设计的。

太空中的运动 多普勒效应在天文学上颇为常见，可谓有运动的地方就有多普勒效应。例如，遥远恒星的行星所发出的光会表现出多普勒频移。行星向地球移动时，光的频率会升高；离地球而去时，光的频率会下降。我们说，向地球移动的行星所发出的光发生了"蓝移"，离地球而去的行星所发出的光发生了"红移"。自 20 世纪 90 年代以来，根据中心恒星发光的蓝移和红移现象，人们已经定位了几百颗围绕遥远恒星旋转的行星。

太阳系外的行星

除太阳外，已经发现了 200 多颗绕其他恒星旋转的行星。这些行星大部分都像木星一样，是气态巨行星，但它们与各自的中心恒星之间的距离更近。不过，也发现了一些与地球大小相近的岩石行星。恒星中约有十分之一有行星，说明这些行星上也可能像地球一样存在某种生命形式。大部分行星是通过它们对恒星的万有引力而发现的。与恒星相比，行星太小了，再加上恒星强光的干扰，很难直接观察到行星。但行星有质量，会使恒星的运动发生摆动。这种摆动会造成恒星光谱的特征频率发生多普勒位移。

首批系外脉冲星的行星是于 1992 年发现。1995 年，又发现了系外恒星的行星。如今，这些探测方法现已常规化。不过，天文学家们仍在寻找太阳系外类似地球的行星，并找出行星相对位置不同的原因。人们希望新的天文观测站（2006 年欧洲发射升空的柯洛号（COROT）天文望远镜和 2008 年美国 NASA（国家航空航天局）发射的开普勒号（Kepler）望远镜）能在不久的将来观察到此类行星。

　　能导致红移的，除了行星轨道运动之外，还有宇宙膨胀。由宇宙膨胀造成的红移称为宇宙红移。如果宇宙膨胀时，我们和遥远星系之间的空间也以一定速度膨胀，就等价于星系在以一定的速度离我们而去。正在充气的气球上两点之间的运动与此类似。

　　这样一来，星系发出的光需要传播更远的距离才能被我们所接收到，从而光将移到低频区。遥远的行星比近处的看起来要红一些。严格来说，远去的星系相对附近的物体来说实际上并没有发生移动，因此宇宙红移并不是真正意义上的多普勒效应。星系与其周围物体的相对关系保持不变，实际上是它们之间的空间被拉长了。

　　因为多普勒的贡献，天文学家们才能利用多普勒效应进行研究。但多普勒本人也没能预见多普勒效应究竟能有多大用处。他声称观察到了双星发射光颜色的变化，但在当时备受争议。多普勒是一位颇具想象力和创造力的科学家，他的热情有时甚至会超过实验技术。几十年之后，天文学家维斯托·斯里弗（Vesto Slipher）检测到了河外星云的红移现象，为宇宙的大爆炸模型提供了依据。如今，人们可以利用多普勒效应了解遥远恒星周围的世界，那里可能会有生命存在。

凝聚思想

绝对音准

20 欧姆定律

雷雨天坐飞机时人为什么是安全的？避雷针是如何保护建筑的？为什么点亮房间的另一个灯泡后，先前亮着的灯泡亮度并不会降低？欧姆定律将告诉我们这些问题的答案。

电是由电荷的运动产生的。电荷是亚原子粒子的基本属性，它描述了这些粒子与电磁场之间的相互作用。电磁场能产生力，使带电粒子发生运动。电荷同能量一样，也是守恒的。电荷既不能被创造，也不能被消灭，无论电荷是否移动。

电荷可以是正的，也可以是负的。带相反电荷的粒子相互吸引，带相同电荷的粒子相互排斥。电子带负电（1909 年由罗伯特·密立根测出），质子带正电。但是，并不是所有的亚原子粒子都带电。顾名思义，"中子"就不带电而呈现中性。

静电 电既可以是静电（如固定分布的电荷），也可以是电流。带电粒子移动时即正负电荷在不同位置聚集，则产生静电。例如，用塑料梳与衣袖摩擦，梳子就会带电，并能吸引带相反电荷的小物体，如小纸片。

闪电的形成是类似的。翻滚的乌云中的分子之间因为存在摩擦，所

大事年表

公元 1752 年	1826 年
富兰克林进行闪电实验	欧姆发表欧姆定律

本杰明·富兰克林（Benjamin Franklin）1706—1790 年

富兰克林生于美国的波士顿，是一个蜡烛匠人的第 15 个也是最小的儿子。虽然家人希望他成为一名牧师，可他后来却当了印刷工。成名后，他还是在信中谦虚地签上"B.富兰克林"。富兰克林出版了《穷理查德的年鉴》。该书是他的成名作，里边有很多至今仍为人津津乐道的名言，如"鱼放三天臭，客住三天嫌"。富兰克林是一位多产的发明家——他发明了避雷针、玻璃琴和双焦眼镜等，不过电却最令他着迷。1752 年，他做了一个著名的实验：用风筝收集暴风雨中雷暴的火花。晚年的富兰克林投身于公共生活，在美国引入了公共图书馆、医院和志愿消防员系统，并致力于消灭奴隶制。后来，他成为一名政治家，处理战后美国与英国和法国的外交事物。他是五人委员会的成员之一，于 1776 年起草了《独立宣言》。

以会积累电荷。电荷瞬间释放，就会形成闪电。闪电产生的火花长度可达几英里，温度可达上万摄氏度。

流动的电 生活用电中的电流是电荷的流动产生的。金属线能导电是因为金属中的电子并不局限在特定的原子核附近，相反，它可以很容易地移动。金属是电的导体。电子沿着金属线发生移动，就像水在水管中流动一样。而在其他材料中，移动的可能是正电荷。溶解在水中的化学物质，会产生能自由移动的电子和带正电荷的原子核或离子。金属之类的导电材料可以使电荷很容易地通过。如果材料不能使电通过，就称为绝缘体，例如陶瓷或塑料。仅在某些情况下才能导电的材料称为半导体。

电流也能像重力一样通过梯度产生。这种梯度就是电场或者电势。好比高度（重力势能）的变化会使河水向下流动一样，导电材料两端电

1909 年

密立根测定单个电子的电荷

势的变化会导致电流的产生。电势差（或称电压）推动电流，并将能量传递到电荷上。

电阻 闪电是通过电离空气迅速放电传到地面上来的，借此消除产生闪电的电势差，因此闪电的电流很大。闪电伤人并不是因为电压的关系，而是因为有巨大的电流流过了人体。一般情况下，电荷在大部分材料中流动时都会受到电阻的影响，达不到这么快的速度。电阻限制了电流的大小，将部分电能转化为热能。为避免被闪电所伤，人应该站在电阻较大的绝缘体上（如橡胶垫）。铁笼也能达到同样的效果，因为雷雨天的闪电容易流过铁栅，而不会经流经人体。原因在于人体大部分是水，所以人体不是良导体。该装置称为法拉第笼，是法拉第于1836年设计的。法拉第笼是空心导体，其电场分布使所有的电荷都位于笼的外部，而笼的内部则完全是电中性的。19世纪进行人工雷电演示实验的科学家们认为，法拉第笼是很有效的安全装置。如今法拉第笼在许多电子设备上仍有应用，可以起到保护作用。法拉第笼的原理也说明了为什么在雷雨天乘坐飞机（金属外壳）仍然安全，即使被雷电直接击中也安然无恙。雷雨天人在汽车中也是安全的，只是不要将车停在树的周围。

1752年富兰克林在费城成功地用风筝捕捉到了闪电电流

富兰克林所设计的避雷针与上述同理。由于避雷针的电阻较小，电流将沿着避雷针流入大地，而不会击中电阻较大的建筑物。较尖的金属棒效果最好，尖端电场强度较高，电流很容易通过尖端流入地下。大树也容易形成集中的电场，因此暴风雨天气时不应躲在大树下。

闪电

闪电几乎不会两次击中地球上的同一位置。不过，到达地球表面的闪电每秒就有几百次之多，合每天860万次。光是美国，每年就有10万次雷暴天气，到达地面的闪电有2 000万次。

电路　电流流动的回路称为电路。电流和能量沿着电路的流动类似于水流在管道中的流动。电流好比是流量，电压好比是水压，而电阻好比是管道宽度或置于管道中的孔径阀门。

欧姆于 1826 年发表了一个很有用的电路定律。欧姆定律的代数形式是 $V=IR$，电压降（V）等于电流（I）和电阻（R）的乘积。根据欧姆定律，电压与电流和电阻成正比。保持电阻不变，将电压加倍，则电流加倍；如果电压加倍，要保持电流不变，则电阻需加倍。电流和电阻成反比例，增大电阻将降低电流。最简单的电路是用导线将灯泡和电池连接起来形成的回路。电池提供驱动电流在导线中流动的电势差，而灯泡的钨丝提供所需的电阻，将电能转化为光能和热能。如果在电路中再加入一个灯泡，情况会如何呢？根据欧姆定律，如果两个灯泡串联连接，电阻加倍，分配到每个灯泡上的电压减半。因此电能将均匀地分配到两个灯泡上，使两个灯泡都变暗。如此这般，就有问题了：在房间中每接入一个灯泡，所有的灯泡的亮度都会下降。

但如果将第二个灯泡以与第一个灯泡并联的方式接入电路，则每个灯泡上的电压降都是相等的。电流在交点处会分别流入两个灯泡，之后再会合。因此第二个灯泡与第一个灯泡的亮度是相同的。这种电路叫做并联电路。前文提到的顺次连接的电路称为"串联"电路。欧姆定律可用来计算整个电路中任意一点的电压和电流。

凝聚思想　**电路理论**

21 弗莱明右手定则

晚上骑自行车的时候，需要用发电装置为自行车灯供电。通过螺纹棒与自行车轮胎之间的反向转动，就能为自行车灯提供足够的照明电压。车速越快，车灯就越亮。车灯之所以能亮是因为在发电机中产生了感应电流——电流的方向由著名的弗莱明右手定则给出。

电磁感应可使各种形式的电场和磁场互相转化。控制电网能量传输的变压器、转换插头和自行车用的发电机都要用到电磁感应。变化的磁场通过线圈时，会对其中的电荷产生力的作用，使电荷流动，形成电流。

> **法拉第将自己的发现称为光线磁化和磁力线照明。**
>
> 彼得·塞曼
> （Pleter Zeeman），1903 年

发电机上小金属罩的内部主要是磁铁和线圈。与机轮转动方向相反的外伸杆可使位于线圈内的磁铁发生转动，在线圈内产生电流。因为电流是通过电磁感应产生的，因此称为感应电流。

经验法则 感应电流的方向由弗莱明右手定则给出。该定则是为了纪念苏格兰工程师安布罗斯·弗莱明而命名的。伸出右手，拇指向上，

大事年表

公元 1745 年	1820 年
发明了莱登瓶电容	奥斯特将电和磁联系起来

食指向前，中指向左，三指两两成90度角。当导体沿拇指向上运动时，磁场沿食指向着指尖的方向，感应电流沿中指向着指尖的方向，三者两两之间均呈直角。所以，右手定则是很容易记住的。

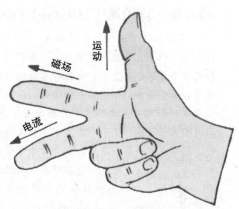

如果将线圈缠得更紧，磁场方向沿着导线长度变化的次数会增多，感应电流就会变大。更快地移动磁铁也能达到类似的效果。这就是自行车车速较快时，车灯较亮的原因。无论磁铁运动还是线圈运动都有感应电流产生，只要磁铁和线圈两者存在相对运动即可。

变化的磁场与其产生的感应力之间的关系由法拉第定律确定。感应力（或称为电动力，简写为 emf）等于线圈的圈数乘以磁通量（与磁场强度和线圈面积成正比）变化的速率。感应电流的方向总是要阻碍引起感应电流的磁通量的变化（楞次定律）。如若不然，系统就会自放大，违反能量守恒定律。

法拉第 迈克尔·法拉第于19世纪30年代发现了电磁感应现象。法拉第是英国的物理学家，以他的电学实验而闻名。他不仅发现磁铁浮在水银上方时可以旋转，提出了电动机的原理，还指出光会受到磁场的影响。他通过磁铁可旋转偏振光的偏振面这一事实，说明光一定也是电磁波。

1831 年	1873 年	1892 年
法拉第发现了电磁感应现象	麦克斯韦发表了电磁方程	弗莱明提出变压器理论

迈克尔·法拉第（Michael Faraday）1791—1867 年

英国物理学家法拉第开始是一名书籍装订学徒，他勤奋努力，自学成才。年轻时的法拉第在参加了伦敦皇家学会化学家戴维的四场讲座后深受鼓舞，于是写信给戴维，请求给自己安排一份工作。法拉第一开始遭到了拒绝，不过后来还是获得了一个在皇家学会工作的机会。大部分时间里，法拉第都是给皇家学会的人当助手。不过，他也一直在研究电动机的问题。1826 年，法拉第开始在皇家学会举办周五晚讲座（Friday evening discourses）和圣诞演讲，这两项活动一直延续至今。他对电学进行了广泛的研究，于 1831 年发现了电磁感应现象。自此之后，法拉第因其精湛的实验技术为人们所认同，并被任以公职。他是领港公会（Trinity House）的科学顾问，帮助安装了灯塔的电灯。法拉第拒绝了爵士封赏和皇家学会的会长一职（两次都拒绝），这多少让人感觉有些意外。晚年身体状况恶化后的法拉第住在位于汉普顿宫的家中，这是阿尔伯特王子为表彰他对科学的卓越贡献奖赏的。

> **" 只要是遵循自然法则的，任何不可思议的事情也能成真。"**
>
> 迈克尔·法拉第，1849 年

法拉第之后，科学家们才开始认识到电在不同的情况下有不同的表现形式。法拉第率先提出这些不同形式的电可归结为电荷运动。法拉第不是数学家，甚至可以说"不懂数学"。好在英国物理学家麦克斯韦继承了他的电磁场思想，将其统一到四个著名的麦克斯韦方程当中。麦克斯韦方程组至今仍是现代物理的基础（见第 88 页）。

电荷存储　今天我们把一定单位的电荷数称为"法拉第"。电容是能临时存储电荷的电学器件，在电路中很常见。例如，傻瓜相机的闪光设备就是利用电容存储电荷的（在等待灯亮的过程中），按下快门后，电容就会放电产生闪光，拍下一张照片。即便用的是普通电池，在电容上产生的电压也是很可观的，可达几百伏。如用手触碰电容，会明显地感觉到电击。

最简单的电容器是由两块平行的、被空气隔开的金属板构成。实际上，电容都是"三明治"式的结构，只要上下两块导体板能够储存电荷，中间的填充物不导电就可以。最早的电荷储存设备是 18 世纪出现的玻璃瓶，也称"莱顿瓶"，该瓶的内表面为金属涂层。如今，电容的各层材料可以是铝箔、铌、纸、聚酯或者特氟龙等。如果将电容与电池连接，正负电荷就会分别在电容的两极上积聚。而如果关闭电池，电容就会放电，形成电流。随着电势差的降低，正负电荷数目的减少，电流将逐渐变小。电容的充电和放电需要一定的时间，可以延迟电路中电荷的流动。电容与电感（如可增加感应电流的线圈）常在电路中搭配使用，形成振荡电流回路。

变压器 不仅发电机和电动机要用到电磁感应，变压器也要用到。变压器先产生变化的磁场，之后在附近的线圈中产生二次电流。一个简单的变压器包括磁环，以及绕在磁环上的彼此分开的线圈。第一个线圈中产生变化的电场，在整个磁铁中形成振荡磁场。变化的振荡磁场又在二级线圈中产生新的感应电流。

按照法拉第定律，感应电流的大小与线圈的圈数有关，因此可根据所需输出电流的大小对变压器进行设计。如果通过国家电网输电，那么最好以"小电流大电压"的方式进行传输，输电效率比较高，相对也比较安全。电网的两端都要用到变压器。输变电端的变压器负责升高电压，减小电流，以便于分送；而用户端的变压器则负责降压。另外，读者如果碰一下计算机的电源适配器或者旅行充电器，就会发现适配器或充电器的温度较高，并伴有嗡嗡声。这是因为变压器的效率并不是100%，有部分能量损失变成声能、振动能和热能。

凝聚思想
感应定律

22 麦克斯韦方程组

麦克斯韦的四个方程是现代物理学的基础，也是自牛顿万有引力定律提出以来物理学上最重要的进展。麦克斯韦方程组指出电场和磁场是同一枚硬币的两面。两种场是电磁波这一现象的不同表现形式。

早在 19 世纪，实验物理学家们就发现电和磁可以互相转化。这一物理学上的重要进展是由麦克斯韦完成的。他仅用四个方程就完整描述了电磁场。

电磁波 电和磁分别作用于带电粒子和磁体。变化的电场可以产生磁场，反之亦然。麦克斯韦解释了二者本质上同属一种现象——电磁波，它兼具电和磁的特性。电磁波包括变化的电场以及随着其变化而变化的磁场，二者互相垂直。

麦克斯韦通过测量发现，电磁波在真空中传播的速度等于光速。结合奥斯特和法拉第已有的研究工作，他确定光也是电磁波。麦克斯韦指出，光波和所有的电磁波在真空中传播的速度都是 30 万千米每秒。这是由自由空间的电学和磁学性质决定的。

大事年表

公元 1600 年	1752 年	1830 年
吉尔伯特研究了电和磁	富兰克林进行了闪电实验	奥斯特将电和磁联系起来

电磁波的波长范围很大，覆盖了整个可见光光谱。无线电波的波长很长（几米到几千米），可见光波的波长与原子间距接近，而频率很高的当属 X 射线和伽马射线。电磁波主要用于通信，如无线电波主要用于电视和手机信号的传输。电磁波也能提供热量（如微波炉），并常用于各种探测器（如医学 X 射线和电子显微镜等）。

电磁场所产生的电磁力是四种基本力之一，其他三种分别是万有引力和将原子与原子核束缚在一起的强核力和弱核力。使带电离子结合成化合物和分子的力正是电磁力，因此电磁力在化学上是很重要的。

场 麦克斯韦最初研究的是法拉第基于实验描述电场和磁场的工作。在物理学中，场是在一定距离上传输力的方式。万有引力可以通过广袤的宇宙空间传输，产生所谓的重力场。同理，电场和磁场也可以作用于远处的带点粒子。如果将铁屑散落到纸上，在纸的下面放上一块磁铁，可以看到铁屑会沿着磁力的方向发生移动，形成自磁铁北极到南极的环形轮廓。离磁铁越远，磁场强度就越小。法拉第通过研究这些"磁力线"给出了一些简单的规律，他也试着为带电物体提出类似的规律，但他毕竟没有受过正规的数学训练，卒以失败告终。于是麦克斯韦最终担当了将电磁理论统一成数学形式的重任。

> **"我们必须承认，光在本质上也是一种电磁现象。"**
>
> 詹姆斯·克拉克·麦克斯韦，约 1862 年

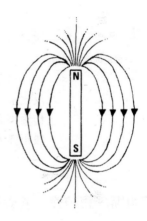

1831 年	1873 年	1905 年
法拉第发现电磁感应	麦克斯韦发表其电磁方程组	爱因斯坦发表狭义相对论

电磁方程组 麦克斯韦仅用四个基本方程就成功地描述了所有的电磁现象，令所有科学家感到震惊。现在这四个方程非常有名，甚至有人将其印到了 T 恤衫上，后面还附上"于是上帝创造了光"这样的评论。虽然现在大家已经知道了所有的电磁波本质上都是一样的，但在当时，这个理论确是非常先进的，如同现在能把相对论和万有引力统一起来一样重要。

$$\nabla \cdot D = \rho$$
$$\nabla \times H = J + (\delta D/\delta t)$$
$$\nabla \cdot B = 0$$
$$\nabla \times E = -(\delta B/\delta t)$$

麦克斯韦方程组

第一个麦克斯韦方程也就是高斯定律。该定律以 19 世纪物理学家卡尔·弗里德里希·高斯的名字命名，描述了带电物体产生电场的形状和强度。高斯定律是平方反比定律，与牛顿万有引力定律的形式相同。带电物体以外某点的电场强度与该点到带电物体的距离平方成反比。如果距离变为原来的两倍，则电场强度变为原来的四分之一。

虽然目前并没有科学依据表明手机信号对人体健康有害，但平方反比定律却告诉我们为什么附近有移动电话基站比没有会更安全。随着传输距离的增加，发射基站发出信号的强度迅速减弱，而手机使用时一般距离人的头部很近，此时发射场很强。因此，离基站越近，打电话时

詹姆斯·克拉克·麦克斯韦（James Clerk Maxwell）1831—1879 年

麦克斯韦生于苏格兰的爱丁堡。他从小在乡村长大，对大自然颇为好奇。母亲死后，麦克斯韦被送到了爱丁堡的学校。他嗜书如命，外号"蠢货"。麦克斯韦先入爱丁堡大学，随后又进入剑桥大学。麦克斯韦很聪明，不过学习方法杂乱无章，不成体系。毕业后，麦克斯韦接着法拉第的工作进行电学和磁学研究，并将其总结成方程。后因父亲生病，麦克斯韦又回到了苏格兰，想在爱丁堡找一份工作。因为种种原因，麦克斯韦没能被爱丁堡大学选中，他去了英国伦敦国王学院，并在这里完成了他最著名的工作。1862 年左右，他计算得出电磁波的速度与光速相同。11 年之后，麦克斯韦发表了四个著名的电磁方程。

更具有潜在危险的手机的功率就越小。但人常常是不理性的，反而对信号站心存恐惧。

第二个麦克斯韦方程描述了磁场的强度和轮廓，或者说磁铁周围磁力线的轮廓。它说明所有磁力线，从南极到北极，都是环形闭合的。换句话说，所有的磁铁都有南极和北极，磁力线必须有始有终，磁单极是不存在的。这引出了原子论。该理论认为原子也有磁场，大量原子产生的小磁场如果方向一致，就能表现出宏观磁性。如果把一块条状磁铁切成两半，每块小磁铁上又会分别再生出一个南极或者北极。不管切多少次，所得小磁铁块仍然都有两个磁极。

第三个方程和第四个方程类似，描述的是电磁感应现象。第三方程说明变化的电流如何产生磁场，而第四方程说明变化的磁场如何产生电流。后者与法拉第感应定律类似。

麦克斯韦只用四个简单的方程就描述了如此之多的电磁现象。爱因斯坦对他的评价颇高，认为麦克斯韦是与牛顿齐名的物理学家。爱因斯坦继承了麦克斯韦的电磁理论，并以此为基础进一步提出了相对论。在爱因斯坦方程中，电和磁是观察者在不同参考系中所观察到的同一现象的不同表现形式。某个运动参考系中的电场可视为另一参考系中的磁场。正是爱因斯坦最终实现了电场和磁场的统一。

> **"傻瓜往往自作聪明，把事情弄得庞大复杂……此时只需天才妙手一点，再加上些许勇气，便能妙笔生花，令事情简单明了。"**
>
> 爱因斯坦，1879—1955 年

英国物理学家狄拉克在 20 世纪 30 年代，试图将电磁学和量子理论结合起来时，预测了磁单极的存在。不过至今尚未有人能够证实他的观点。

……于是就有了光

第三部分

量 子 谜 题

23 普朗克定律

为什么人们都说火是红热的呢？为什么钢被加热的时候，最初发红光，继而发黄光，最后发白光呢？马克斯·普朗克将热学与光学相结合，对该现象作出了解释。普朗克认为光波是具有统计意义的，而不是连续的。这一革命性理论为量子物理的诞生奠定了基础。

1963 年，英国首相哈乐德·威尔逊（Harold Wilson）曾作过一个著名的演讲。演讲中，威尔逊惊异于"（技术）革命的白热化"。那么，"白热"一词由何而来呢？

热的颜色 我们知道很多物体受热之后都会发光。烧烤用的木炭和受热变红的电炉丝，温度可以达到几百摄氏度。火山熔岩的温度可以达到 1 000 摄氏度（接近于熔化钢铁的温度），同时会发出剧烈的光。光的颜色有时是橙色，有时是黄色，甚至还可能是白色。灯泡中的钨丝可以达到 3 000 摄氏度，接近于恒星表面的温度。实际上，随着温度的升高，物体发射光的颜色也从红色变为黄色，最终变为白色。最终发出的光之所以呈白色，是因为有更多的蓝光被发射出来。蓝光与已发射的红光和黄光混合后，就成为白光。颜色的分布用黑体曲线描述。

高温

蓝色　　　　　　　　　　　　红色

低温

大事年表

公元 1862 年	1901 年
基尔霍夫首次采用"黑体"一词	普朗克发表了黑体辐射定律

马克斯·普朗克（Max Planck）1858—1947 年

马克斯·普朗克是在德国慕尼黑接受的教育，他最初想成为一名音乐家，希望能得到一位音乐名家的指导。可音乐家却告诉他如果没有音乐天赋的话，不学也罢。而他的物理教授也没给他什么鼓励，还告诉他物理学已经很完善了，没什么可学的了。幸运的是，普朗克并没有听从教授的片面之词，埋头继续研究，并提出了量子的概念。不久，普朗克的妻子和几个孩子相继去世，他的两个儿子死于世界大战。不过，他一直没有离开德国，并在战后重新恢复了物理学的研究。如今，许多著名的马克斯·普朗克研究所都是以他的名字命名的。

恒星的颜色与上同理：温度越高的恒星，看上去就越蓝。太阳是橙色的，温度为 6 000 开尔文。而猎户座（Orion）中的气态庞然大物"参宿四（Betelgeuse）"呈红色，其表面温度也只有太阳温度的一半。天狼星是天空中最亮的恒星，温度较高，其灼热表面的温度有 30 000 开尔文，看上去呈蓝白色。如果温度继续升高，就会辐射出频率更高的蓝光。实际上，最热的恒星所辐射光的频率大多在光谱的紫外光区。

黑体辐射 19 世纪的科学家们惊奇地发现，不管组成物体的物质是什么，只要将物体加热到一定温度，发射出的光就会遵循相同模式。发射光大多都有特定的频率。如果温度升高，其辐射峰值的频率就会向蓝光方向移动（移向较短波长区），例如从红色变为黄色，再变为蓝白色。

人们采用"黑体辐射"一词不无道理。黑色材料最易辐射和吸收热量。天热时，黑色 T 恤就比白色 T 恤更容易吸热。

> **"（黑体辐射是）人们万般无奈下的最终一搏。为了得到理论解释，只能不惜一切代价。"**
>
> 马克斯·普朗克，1901 年

1905 年

爱因斯坦确认光子的存在，证明紫外灾难是错误的

1996 年

COBE 卫星数据确定了宇宙微波背景辐射的准确温度

太空中普朗克的遗物

最完美的黑体光谱来自宇宙。天空处于微波的微弱辐射中。大爆炸火球产生的尾焰因宇宙膨胀而红移到较低频率范围，故而产生上述辐射。人们将该微光称为宇宙微波背景辐射。20世纪90年代，NASA的COBE（宇宙背景探测器）卫星测出微光的温度为2.73开尔文，这是迄今人们所测得的最纯粹的黑体曲线。地球上的任何材料都达不到完全一致的温度。为纪念普朗克，欧洲宇航局最近以他的名字命名了一颗新卫星。该卫星将非常细致地绘制出宇宙微波背景。

白色能更好地反射太阳光，所以热带地区的房子一般都是涂成白色的。雪也能反射太阳光。由此，气候学家担心如果两极冰盖融化，反射太阳光减少的话，会导致地球升温加快。无论吸热还是放热，黑色物体都比白色物体快。炉子的表面涂成黑色就是这个道理，而不光是为了"遮丑"。

革命 虽然物理学家们测出了黑体图，却无法解释或者理解为什么在特定频率的单色光处会出现一个尖峰。当时的顶级物理学家威廉·维恩（Wilhelm Wien）、瑞利勋爵和詹姆斯·金斯（James Jeans）各自给出了一部分解。维恩从数学上给出了高频蓝光亮度降低的解释，瑞利和金斯解释了低频区红光强度的增强现象。但他们都各自只能解释一部分现象，而无法解释全部。特别是瑞利和杰恩斯的解还提出了这样一个问题：由于光谱的不断增强，可以预测在紫外波长及其之外的区域会释放出无限的能量。这个明显的问题被称为"紫外灾难"（ultraviolet catastrophe）。

德国物理学家普朗克在解释黑体辐射的过程中，将热学和光学统一起来。他是一位正统的物理学家，喜欢从基本原理导出物理学原理。他迷上了熵和热力学第二定律，认为它们和麦克斯韦方程都是自然界的基本定律，并开始证明这三者之间的关系。普朗克完全相信数学，只要方程告诉他是对的，那就是对的，别人怎么考虑无所谓。普朗克为提出符合实验现象的方程，很不情愿地做了一个聪明的修正。他洞察到应该采用与热力学家处理热类似的方式来处理电磁辐射。既然温度是大量原子热能的平均，普朗克就将光描述为电磁能在一组电磁振子（电磁场的微小亚原子单元）中的分布。

为使方程在数学上成立，普朗克将每个电磁单元的能量写成与频率成正比的形式，即 $E=h\nu$。其中 E 是能量，ν 是光的频率，h 是比例常数，称为普朗克常数。这些单元称作"量子"，在拉丁语中是"多少"的意思。

按能量子的设想，高频电磁振子具有较高的能量。因此，在不能超出能量限值的前提下，任何体系都不能有过多的高频电磁振子存在。与此类似，如果本月拿到的工资是 100 张钞票，那么中等面额的会比较多，大面额和小面额的会比较少。普朗克的模型将电磁能以最可能的方式分配到振子中，结果发现能量大多分布在中间频率范围。这与黑体辐射曲线峰形相吻合。1901 年，普朗克发表了普朗克定律，将光波与概率联系了起来。人们很快就发现，普朗克定律解决了"紫外灾难"的问题。

普朗克的量子只是解决了定律在数学上遇到的困难，他本人并不认为电磁振子是实际存在的。不过，他的方程对当时发展迅猛的原子物理却有着深远的影响。普朗克开辟了量子力学，使其成为现代物理最重要的领域之一。

能量核算

24 光电效应

紫外光照射到铜片上时，就会产生电。在爱因斯坦之前，光电效应还是一个谜。受普朗克的启发，爱因斯坦采用能量子理论，提出了光量子（也称为光子）的思想。他指出，光既是连续波，也是光粒子流。

20 世纪初开启了物理学发展的新时代。在 19 世纪，人们已经知道紫外光可以使金属中的电子发生移动，产生电流，要理解这个现象，物理学家需要发明一种全新的"语言"。

蓝色光子 金属受到蓝光或紫外光的照射时，会因光电效应而产生电流；而受红光照射时就不会有电流产生。无论红光束的强度多高，都不能触发产生电流。只有当光的频率超过一定阈值，电荷才会移动形成电流。不同的金属具有不同的阈值。这个阈值的存在表明，在电荷发生移动之前，需要有一个能量积累的过程，而能量的来源只能是光。在 19 世纪末，人们对其中的机制一无所知。电磁波和运动电荷看起来是风牛马不相及的物理现象，让人倍感困惑。

> **"问题都有两面性。"**
>
> 毕达哥拉斯，
> 公元前 485 年—公元前 421 年

光子 1905 年，爱因斯坦提出了一个解释光电效应的独特方法。正是这项工作，而非相对论，让他获得了 1921 年的诺贝尔奖。受普朗

大事年表

公元 1839 年	1887 年	1899 年
贝克勒尔发现了光电效应	赫兹测定了紫外光引起的间隙火花	汤姆逊确认电子是由入射光产生的

克早期采用量子对热原子能量进行计算的启发，爱因斯坦猜想光也是以能量体的形式存在的。他完全借用普朗克对量子的数学定义，也就是由普朗克常数联系起来的能量和频率之间的比例关系，不过却将其应用到了光的研究上，而非研究原子。爱因斯坦的光量子后来又被命名为光子。光子没有质量，速度等于光速。

爱因斯坦提出，要产生光电效应，就要用单个光子去撞击金属中的电子，而不是将金属置于连续光波之中。每个光子都有一定的能量，该能量与光的频率成正比。被光子撞出的电子能量与光子能量呈正相关。红光的光子能量较低（频率低），不足以将金属中的电子撞击出来；而蓝光的光子能量相对较大（频率高），就能将电子撞出；紫外光子的能量更高，撞击出的电子具有更快的速度。仅仅改变光束的强度并不能撞击出更多的电子。如果单个的光子不能轰击出电子，那么（红光）光子再多也是没用的。这有点像把乒乓球抛向沉重的 SUV 汽车一样。爱因斯坦的光子理论开始并不为人所认同，该理论违反了物理学家们公认的麦克斯韦方程中对于波的描述。但当实验证明爱因斯坦的古怪想法准确无误之后，人们的看法也随之发生了变化。他们开始相信激发电子的能量与入射光的频率呈正相关。

波粒二象性 爱因斯坦的建议不仅有争议，而且还提出一个人们不愿接受的观点：光既是波，也是粒子，具有波粒二象性。自麦克斯韦方程出现以来，人们就一直认为光是波，能绕过障碍物，发生衍射、反射和干涉现象。现在，爱因斯坦却向传统观念提出了挑战，指出光也是由

1901 年	1905 年	1924 年
普朗克提出了能量子的概念	爱因斯坦提出了光量子理论	德布罗意认为粒子也具有波动性

阿尔伯特·爱因斯坦（Albert Einstein）1879—1955 年

对于当时只是业余物理学家的德国籍瑞士专利局专利审查员爱因斯坦来说，1905 年是不寻常的一年。这一年里，他在德国物理期刊《物理学年鉴》（*Annalen der Physik*）上相继发表了三篇论文，这三篇论文分别提出或解释了布朗运动、光电效应和狭义相对论，每一项工作都是开创性的。1915 年，爱因斯坦发表了广义相对论。自此，他的声望与日俱增，成为有史以来最伟大的科学家之一。4 年之后，广义相对论被一次日食的观测结果所证实，使他跻身世界著名物理学家之列。1921 年，爱因斯坦因其在光电效应方面的贡献而被授予诺贝尔奖。光电效应影响了整个量子力学的发展。

> **能量子穿过物体的表层，有一部分转化成为电子的动能。最简单的情形是光量子将其能量全部转移给某个电子。**
>
> 阿尔伯特·爱因斯坦，1905 年

光子束组成的。

物理学家们仍在竭力抗争。如今，我们已经认识到，光在不同的情况下似乎知道自己应该表现出何种行为。如果设计一个实验观察波动性，例如让光通过衍射狭缝，光就表现出波的特点。如果要观测光的粒子性，它又会表现出粒子的特点。

物理学家曾经设计出很多巧妙的实验，来发掘这其中的奥秘，并希望能发现光的本质。不过目前，这些尝试都还没有取得成功。这些设计有许多都是在杨氏双缝实验的基础上改进而来的，所不同的只是增删了某些部分。如果把两个狭缝都打开，就可以观察到所熟悉的亮暗干涉条纹。因此，光具有波动性。但是，如果将光的亮度调低，低到使光子只能一个一个依次通过狭缝的程度，检测器就会收集到光子打到屏幕上所产生的亮斑。即便如此，光子逐渐还是会堆积成条状的干涉花样。那么，单个的光子怎么会知道到底是通过哪个狭缝，并最终形成干涉花样的呢？如果条件允许的话，可以在光子离开光源后将狭缝之一关闭，或者在光子通过狭缝尚未到达屏幕之前将狭缝关闭。这两种情况都是可以做到的，而光子在通过狭缝时却是知道狭缝是一个还是两个的。即便光子是一个一个通过的，从得到的图案上看，光子好像仍是同时通过的。

太阳能电池

现今的太阳能电池板就是利用光电效应设计的，它的原理是光从材料中激发出电子，而所用材料通常是硅之类的半导体材料，不是纯金属。

如果将检测器置于狭缝处，（就能看到光子是通过哪一个狭缝过来的）会发现一个奇怪的现象：干涉花样消失了。屏幕上只有聚集的光子亮斑，而没有干涉条纹。因此不管你想什么办法了解光子，它们总是能"因地因时制宜"，并同时表现出波动性和粒子性，而不只是单一表现出某种性质。

物质波　1924 年，德布罗意提出了一个相反的思想，即物质粒子也能表现为波。他认为所有物体都有一个特定的波长，也就是说波粒二象性是普遍存在的。3 年之后，人们观察到了与光类似的电子衍射和干涉现象，从而证明了德布罗意的假说。现在，物理学家们已经观察到了更大粒子的波动性，例如中子、质子甚至是分子（微观的碳球和巴克球等）。较大物体（比如滚珠轴承）的波长极小，无法测量。网球场中飞行的网球的波长大约是 10^{-34} 米，比质子的直径还要小（10^{-15} 米）。

正如我们所看到的，不仅光具有粒子性，电子也同样具有波动性。至此，光电效应得到了圆满的解释。

酷似子弹的光粒子

25 薛定谔波动方程

如果粒子也是以波的形式传播，那么如何确定粒子的位置呢？埃尔文·薛定谔提出了一个里程碑式的方程，描述了表现为波的形式的粒子在某点出现的概率。该方程还能给出原子中电子的能级，从而开创了现代化学和量子力学的新纪元。

根据爱因斯坦和德布罗意的理论，粒子和波是紧密联系在一起的。包括光在内的电磁波都具有波粒二象性，甚至物质的分子和亚原子粒子也能像波一样发生衍射和干涉现象。

波是连续的，而粒子则不然。那么为什么说粒子是以波的形式传播的呢？奥地利物理学家薛定谔于 1926 年采用波动物理学和概率论的方法，提出了薛定谔方程，给出了以波的形式传播的粒子在空间某一位置出现的概率。薛定谔方程是量子力学（原子物理）的基础。

薛定谔方程起先是用来描述原子中电子的位置的。薛定谔尝试描述电子的波动行为，并采用普朗克提出的能量子的概念：波的能量是量子化的，且相应的量子能量与波的频率成正比。量子是能量的最小单位，每种波量子化后都对应于一个基本单位。

大事年表

公元 1897 年

汤姆逊发现了电子

玻尔原子模型 丹麦物理学家尼尔斯·玻尔将量子化能量的概念应用到原子中的电子上。因为电子很容易被激发出来，且带负电。玻尔就想：电子是不是像在轨道上围绕太阳运动的行星一样，绕着带正电的原子核运动呢？不过，电子只能以一定的能量存在，对应于基本量子的整数倍。对原子中的电子来说，这些能级将电子束缚在不同的层（壳）上，也就是说，电子只能占据某些由能量规则确定的轨道。

玻尔的模型非常成功，在解释简单氢原子上尤其有效。氢原子只有一个核外电子，内部是带正电的原子核。玻尔的量子化能量体系从概念上解释了氢原子发射光和吸收光的特定波长。

氢原子的电子吸收能量后，就像爬梯子一样跃迁到较高能级的轨道（壳层）上。跃迁过程中，氢原子需要从光子中吸收能量，且光子具有的能量必须恰好等于跃迁所需的能量。因此，要提高电子的能级，就需要特定频率的光。其他频率的光都是无效的。电子跃迁到高能级后，还可能跳回到较低能级的轨道，释放出最初所吸收频率的光子。

光谱指纹 氢气中的电子发生跃迁时，要吸收与不同能级间的能量差相对应的一系列频率的光子。如果将一束白光照到氢气上，与能量差对应频率的光就会被吸收。如果氢气温度较高，电子处于较高能级，就会出现若干条亮线。氢原子的这些特定能量都可以测量出来，同玻尔的预测结果吻合得很好。所有原子在各自

1913 年

玻尔提出原子中
电子的轨道模型

1926 年

薛定谔提出了波动方程

特定的能量状态下都能产生类似的亮线，好比人的指纹一样。利用该特点可鉴别不同的化学物质。

波函数 玻尔能级对氢原子非常有效，但对于其他含有重核和多个电子的原子来说就不是很适用了。而且，当时德布罗意也已提出了电子波动说。也就是说，电子的各个轨道都可以看成是波阵面。不过，将电子看成波意味着无法确定电子在某时刻的位置。

受德布罗意的启发，薛定谔提出了一个方程，描述表现为波的形式的粒子在某一位置出现的概率。只有采用统计概率的方法，才能描述清楚电子的运动。薛定谔方程很重要，是量子力学的基础之一。

箱中粒子

在自由空间运动的单个粒子的波函数是正弦波。如果粒子困在箱中，则波函数在箱壁处等于 0，且粒子无法到达箱外。箱内波函数可通过研究粒子可能的能级或能量子（必大于 0）得出。受量子理论的限制，能级是特定的，因此粒子在箱中某些位置出现的概率较大，而在别处则不会出现（此处波函数为 0）。复杂体系的波函数是一系列正弦波和其他数学函数的叠加，就像

谐波叠加为乐音一样。在经典力学中，我们采用牛顿定律描述箱中粒子（如小球）的运动，可以知道小球在任意时刻的位置和运动方向。而在量子理论中，只能谈粒子某时刻在某点出现的概率。能量的量子化是在原子水平上的，故粒子在某些位置出现的概率会较高。不过由于粒子具有波动性，因此不能给出它的准确位置。

"上帝在星期一、星期三和星期五用波动理论掌管电磁学，而魔鬼在星期二、星期四和星期六用量子理论掌管电磁学。"

威廉·布拉格爵士（编者注：威廉·亨利），1862—1942 年

薛定谔引进波函数的概念，来描述粒子在某处某时刻出现的概率及粒子的所有可知信息。波函数极难理解，主要原因在于人们没有这方面的日常生活体验，难以形象地理解它，即便是从哲学上对其进行解释都很困难。

薛定谔方程的突破也导致了原子中电子的轨道模型的提出。这种模型采用的是概率图的形式，绘出了电子概率分布占 80%～90% 的区域（到达所有其他位置的概率是较小的）。正如玻尔预测的那样，这些概率图不是球形的，而是拉伸形的，如哑铃形或圆环形。如今，化学家们已经能用它来改变分子的结构了。

薛定谔方程将波粒二象性从原子推广到了所有物质，是物理学的革命。他同海森堡和其他物理学家一道，堪称量子力学之父。

无处不在，而又无处在

26 海森堡不确定性原理

海森堡不确定性原理指出粒子的速度（动量）和位置不能同时准确确定。两者之一测定得越准确，另一者的测定便越不准确。维尔纳·海森堡认为对粒子的观测行为本身会改变粒子，这就决定了必然无法获得粒子的准确信息。因此无法预测亚原子粒子过去和将来的行为。确定性消失了。

1927 年，海森堡发现量子理论中有一些奇怪的假设。这些假设表明实验不可能在完全孤立的情况下进行，原因是测量行为本身就会影响到结果。海森堡在他的"不确定性原理"中描述了这种关系：无法同时准确地对亚原子粒子的位置和动量（等价的说法是在准确时间上测定出能量）进行测定。两者之一测定得越准确，另一方的测定便越不准确，同时准确测定位置和动量是不可能的。海森堡认为这种不确定性正是量子力学的深刻结果，与测量技术或者测量精密度无关。

大事年表

公元 1687 年

牛顿运动定律表明宇宙是确定的

不确定性　任何测量结果都有一定的不确定性。用卷尺测量桌子的长度时，可以说桌子长度为 1 米。但由于卷尺的最小刻度是 1 毫米，所以卷尺的测量结果只能精确到 1 毫米。这样以来，桌的长度可能是 99.9 厘米，也可能是 100.1 厘米。究竟是多少？不知道。

提到不确定性，很自然会想到它的存在是因为测量工具的限制（如卷尺）。而海森堡不确定性原理与此有本质上的不同，它的基本思想是，无论采用多么精密的测量工具，总是无法在同一时刻准确测定动量和位置。如果测出了一个游泳者的准确位置，就无法知道其在同一时刻的速度。两者的大致范围是可以同时测出的，不过要把一个量测得特别准确，另一个量就会变得很不准确了。

测量　为什么会这样？海森堡想出了一个测定亚原子粒子（如中子）的实验，对此进行说明。设想采用雷达追踪中子的运动轨迹，向其发射电磁波。为准确起见，采用波长较短的伽马射线。但伽马射线具有波粒二象性，它是以光子的形式撞击到中子上的。由于频率很高，伽马射线的光子能量很大。能量越大，光子与中子相撞时将产生较强的撞击力，使中子的速度发生变化。因此，即便能测出中子在某一时刻的位置，受观测过程本身的影响，中子的速度也已经变得难以预测。

如果采用能量较小的光子，以减少测量对中子速度造成的影响，又会因波长较大导致位置测量准确度的降低。所以，不管如何优化实验条件，都无法同时准确测出粒子的位置和速度。海森堡不确定性原理中存在一个基本极限。

1901 年	1927 年
普朗克定律采用了统计学方法	海森堡发表不确定性原理

维尔纳·海森堡（Werner Heisenberg）1901—1976 年

海森堡生于德国，经历了两次世界大战。第一次世界大战期间，还是青少年的海森堡参加了鼓励有组织户外锻炼的军事化德国青年运动。海森堡夏天在农田干活，闲暇时间研究数学。他在慕尼黑大学研究理论物理，发现思路难以在自己钟爱的乡村生活和抽象的科学世界之间转换。博士毕业后，海森堡取得一个学术职位，并在一次哥本哈根之行中遇见了爱因斯坦。1925 年，海森堡发明了量子力学的第一形式（矩阵力学），并因此获得 1932 年的诺贝尔奖。如今，海森堡最有名的工作当属 1927 年提出的不确定性原理。

第二次世界大战期间，海森堡成功领导了德国的核武器项目，研究核聚变反应堆。不过，德国却未能造出核武器。是属故意，还是资源匮乏，仍是人们争论的话题。战后，海森堡被同盟国逮捕，和其他德国科学家一起被拘禁在英国。之后，他又返回德国继续从事科学研究。

实际上，亚原子粒子和电磁波的波粒二象性使深层的原理更难理解。粒子的位置、动量、能量和时间都是基于概率而定义的。薛定谔方程描述了粒子在某一位置出现的概率，粒子能量由量子理论确定，而量子理论被概括成描述粒子所有特性的波函数。

$$\Delta x \Delta p > \frac{\hbar}{2}$$

$$\Delta E \Delta t > \frac{\hbar}{2}$$

海森堡不
确定性原理

海森堡和薛定谔几乎在同一时期研究量子理论。薛定谔倾向于研究粒子的波动性，而海森堡则研究能量的非连续性。他们各自根据自己的研究倾向对量子系统作了数学上的描述。薛定谔采用波动数学，海森堡采用矩阵力学（或二维数表）作为描述粒子特性集的方法。

矩阵力学和波动力学都有各自的追随者，他们互相认为对方是错误的。最终两大阵营将资源整合，形成了量子力学的统一描述方法，称为量子力学。海森堡正是在提出量子力学方程的过程中，发现了难以避免的不确定性。他在 1927 年致沃尔夫冈·泡利（Wolfgang Pauli）的信中

> **❝同一时刻，位置测得越准确，测得的动量就越不准确，反之亦然。❞**

维尔纳·海森堡，1927 年

指出了这个问题，引起了这位同行的关注。

非决定论 海森堡提出不确定性原理后并没有停滞不前，他从不确定性的深刻内涵出发，指出该原理是对经典物理学的挑战。首先，它表明亚原子粒子在测量之前的行为是自由的，粒子被测量之后，才会受到抑制。海森堡打了个比方，"只有在观察路径时，路径才是存在的"。测量之前，我们对某物一无所知。他还指出，由于速度和位置深层的不确定性，粒子将来的行为也是无法预测的。

这些描述与当时的牛顿物理学存在很大的差别。后者假定外部世界是独立存在的，观察者通过实验就能观察到真相。而量子力学告诉我们，在原子水平上，这种确定性的观点是没有意义的，相反，只能去讨论某种结果出现的概率。我们不再讨论原因和结果，而只讨论概率。爱因斯坦与其他许多科学家觉得这种观点很难接受，但又必须承认从方程推出的结果确实如此。自此，物理学第一次超越了经验的实验室，坚定地迈向了抽象的数学领域。

无法超越的极限

27 哥本哈根诠释

科学家从量子力学方程可得到正确的结果，这些结果意味着什么呢？丹麦物理学家尼尔斯·玻尔提出了量子力学的哥本哈根诠释，将薛定谔的波动方程和海森堡的不确定性原理结合在一起。玻尔提出，所谓的孤立实验是不存在的，观察者的干预会影响量子实验的结果。由此，玻尔对宇宙的客观性提出了挑战。

1927 年，流行着两种针锋相对的量子力学观点。欧文·薛定谔认为波动物理学是量子行为的基础，波动方程完全能描述量子行为。而维尔纳·海森堡却认为在理解自然现象时，他的矩阵表示法中所描述的电磁波和物质的粒子性才是最重要的。他还指出，人们对事物的认识从根本上受到了他提出的不确定性原理的限制。他认为，受描述亚原子粒子运动的各参数的内在不确定性影响，如果不确定观察行为，就无从知道粒子的过去和将来。

有一个人则努力尝试将所有实验结果和理论统一起来，形成能解释所有现象的新框架，这个人就是玻尔，他本人与海森堡在哥本哈根大学同一系共事，是该系的系主任，曾对氢原子中电子的量子能级作出了解释。玻尔与海森堡、马克斯·玻恩（Max Born）和其他人一起，提出了

大事年表

公元 1901 年	1905 年
普朗克发表了黑体辐射定律	爱因斯坦采用光量子解释光电效应

尼尔斯·玻尔（Niels Bohr）1885—1962 年

尼尔斯·玻尔经历了两次世界大战，曾与某些世界闻名的物理学家一起共事。年轻的玻尔在哥本哈根大学攻读物理学，并在其父的生理学实验室成功开展物理实验。博士毕业后，玻尔来到英国，但却与约瑟夫·约翰·汤姆逊（J.J.Thomson）发生了矛盾。他在曼彻斯特与欧内斯·卢瑟福（Ernest Rutherford）共事一段时间后，又返回了哥本哈根，继续从事"玻尔原子"的工作（大多数人今天还是这样理解原子的）。1922 年，玻尔获得诺贝尔奖。之后不久，量子力学就出现了。20 世纪 30 年代，为躲避纳粹的迫害，大批科学家涌至位于哥本哈根的玻尔理论物理研究所，住进由丹麦酿酒师嘉士伯出资捐助的住宅中。1940 年德国纳粹占领丹麦后，玻尔乘渔船逃往瑞典，之后又逃往英国。

一种整体量子力学观点，即所谓的哥本哈根诠释。这也是目前大多数物理学家认同的一种解释，虽然也有人提出过其他解释。

两面性 玻尔采用哲学方法解释哥本哈根诠释。他特别强调了观察者自身对量子实验结果的影响。首先，他相信互补性（complementarity）的原理，即物质和光的波粒二象性是同一深层现象的两个方面，而非孤立的事件。这好比心理学测试中观察图片角度的不同造成结果的不同。两条对称的曲线可以看成是花瓶的轮廓，也可以看成是相对的两张脸。波动性和粒子性是观察同一现象的两种互补的方式。光的本质并没有发生变化，只是观察的角度发生了变化。

为将量子系统和一般系统联系起来（包括人自己的经验），玻尔提出了"对应原理"（correspondence principle），即对于人们所熟悉的牛顿力学适用的较大体系,量子行为必须消失。

不可知性 玻尔理解了不确定性原理的核心概念。不确定性原理说的是无法同时测定出任何亚原子粒子的位置和动量(速度)。其中一个量测定得越准确,另一个量的测定就越不准确。海森堡认为不确定性实际上是测定方法本身造成的。要测定某个物体,哪怕只是看上一眼,也必须有光从物体上反射出来。而光的反射总是涉及动量和能量的转移,因此观察本身就会对粒子的最初运动产生扰动。

另一方面,玻尔认为海森堡的解释是有问题的。他辩称没有什么方法能将观察者与被测体系完全分开。系统的最终行为是由观测行为本身(通过量子物理学中波粒二象性的概率行为)决定的,而并非由于简单的能量转移。玻尔认为整个系统的行为需要全盘考虑,不能单独拿出粒子、雷达甚或观察者自己来讨论。哪怕是观察一个苹果,也需要考虑整个系统的量子行为,包括头脑中处理苹果发射光的视觉系统。

> **"我们在丛林中摸索着前进,在脚步后面留下的是走出的路。"**
>
> 马克斯·玻恩,1882—1970 年

玻尔还称"观察者"一词本身就是错误的,这个词硬是凭空造出一幅外部观察者与被观察的世界相互分开的情景。摄影师安塞尔·亚当斯(Ansel Adams)可以拍到约塞米蒂(Yosemite)野外原始的自然风光,可难道这些照片真的没有受到人的干预吗?如果摄影师也在照片中,情况又会如何?真实的情况是人与自然融为一体,而不是彼此分开。玻尔认为观察者正是实验的一部分。

观察者参与的概念令物理学家们大吃一惊,它挑战了一贯的科学研究方法和科学的客观性等基本概念,连哲学家也对此犹豫不决。大自然不再是机械的、可预测的,而是本来就不可知的。撇开过去和未来之类的简单概念不谈,这对基本事实的概念又意味着什么呢?爱因斯坦、薛定谔和另外一些人在证明宇宙的外部性、可预测性和可验证性上也遇到了困难。在当时,量子力学理论只能用统计方法描述,对此,爱因斯坦认为起码它还是不完整的。

波函数的坍缩 我们观察到的亚原子粒子的粒子性和波动性互不相干，是什么决定了粒子表现为粒子性还是波动性的呢？为什么在周一，光通过条纹时会像波一样发生干涉现象；而在周二，如果要在光子通过某个狭缝时捕捉到它，它又会表现出粒子性呢？根据玻尔和哥本哈根诠释支持者的说法，光是同时以两种状态存在的，它既是波也是粒子，只是在被测量时才会表现出两种形式中的一种。所以，是观察者事先选择以何种形式观测光决定了它会怎样表现。

按这种决策观点，如果粒子性或波动性确定下来，我们就说波函数发生了坍缩。此时，薛定谔方程中所描述的所有结果的概率都轰然崩溃，只剩下最终结果。因此，按照玻尔的观点，光束最初的波函数包含了结果的所有概率，不论光是表现出粒子性还是波动性。对光进行测量时，它只以一种形式存在，这并非是说光从一种物质形式转变为另一种物质形式，而是本身就的确是同时以这两种形式存在的。量子苹果橘子既不是苹果也不是橘子，而是二者的混合体。

物理学家目前要直观地理解量子力学的含义仍有困难。在玻尔之后，又有其他物理学家给出了新的诠释法。玻尔说，要理解量子世界，就得去找块黑板写写画画，不能再用日常生活体验中熟悉的概念。量子世界是一个不为人熟悉的奇异世界，可我们还必须得接受它。

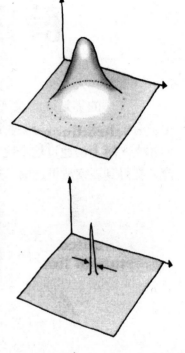

"如果谁不为量子论感到困惑，那他一定还没弄懂量子论。"

尼尔斯·玻尔，1885—1962 年

选择决定结果

28 薛定谔的猫

薛定谔的猫是同时又死又活的。在假想实验中，有一只猫被封在盒子中，盒子里放有一瓶毒气，通过某种随机机制触发毒气释放。这只猫可能死亡，也可能存活。埃尔文·薛定谔通过这个比喻说明了哥本哈根的量子力学诠释是很荒谬的。该理论预测：在得到观察结果之前，这只猫应该处于一种死/活的叠加状态。

量子理论的哥本哈根诠释认为：在观察者按下开关并选择一种实验结果之前，量子系统是以概率云的形式存在的。观察之前，系统可以以各种结果存在。光本来具有波粒二象性，在我们决定了是测量其波动性还是粒子性之后，光才将相应地表现出该种性质。

对于像光子和光波这样的抽象量来说，概率云这个概念听起来是可行的。那么对人能感知到的较大物体，概率云又意味着什么呢？量子模糊的本质又是什么呢？

1935 年，薛定谔发表了一篇论文。该论文包括一个假想实验，试图以更加生动和熟悉的例子（而非亚原子粒子）解释上述行为。薛定谔极不同意哥本哈根的所谓"观察会影响行为"的观点。他想要指出哥本哈根诠释的错误。

大事年表

公元 1927 年	1935 年
提出了量子力学的哥本哈根诠释	提出了薛定谔量子猫实验

量子中间态 薛定谔考虑了如下完全想象的情形。实际上并没有动物受到伤害。

"一只猫被关在铁盒中，铁盒中同时还有如下的一个"恶魔般的装置"（必须对该装置进行保护，防止受到猫的直接干扰）。盖革计数器上有很少量的放射性物质，少到在1小时之内仅有一个原子发生衰变，但同时，也可能没有原子发生衰变。上述两事件发生的概率相同。如果有原子发生衰变，则计数管将放电，并通过继电器将锤子放下。锤子随后打碎装有氢氰酸的小烧瓶。如果将整个系统放置1小时，不加干涉，那么就可以说：如果没有原子发生衰变，猫就仍然是活着的；而一旦有原子发生衰变，猫将死亡。"

因此，盒子打开之后猫可能是活的（希望如此），也可能是死的，二者的概率均是50%。薛定谔认为，按照哥本哈根诠释的逻辑，在盒子关闭时，我们只能认为猫是以一种模糊的叠加状态存在的，亦即同时又死又活。正如电子的波动状态或者粒子状态只有在观察时才能确定一样，猫的生死也只能在打开并查看盒子之后才能确定。打开盒子之后，就可以进行观察，得到结果。

当然，薛定谔认为这是很荒谬的，尤其在对象是现实世界中的动物（比如猫）时。我们根据日常生活经验知道猫一定是要么活着，要么死去，而不是生死的叠加状态。仅仅因为没看到猫就认为它处于叠加状态是愚蠢的。如果猫活着，它本能地知道自己正坐在盒子里，并且是活蹦乱跳地，而和概率云或者波函数无关。

和其他人一样，爱因斯坦也同意薛定谔的这个观点，认为哥本哈根学派的那套理论是荒谬的。于是他们一同提出了更进一步的一些问题。作为一个动物，猫能够发现自己，并进而使

1957 年

埃弗里特提出了多世界假设

自己的波函数突然坍缩吗？怎样才能成为观察者？是不是只有人才能成为观察者，而没有意识的动物就不行？还是随便什么动物都可以？细菌可能作为观察者吗？进一步，我们会问世界上的任何东西是不是都是独立于人的观察之外而存在的。如果忽略盒子中的猫，仅仅考虑衰变中的放射性粒子，那么在盒子关闭的情况下，粒子会衰变吗？或者是不是像哥本哈根诠释所说的那样，在打开盒子之后，粒子是处于量子混沌状态的？也许整个世界是处于一种混合的叠加状态，在我们发现之前，没有什么东西可以决定其自身，导致波函数的突然坍缩。当你周末不在工作场所的时候，它会瓦解吗，抑或它会因路人的注目而受到保护吗？如果没有人注视你在树林里的度假别墅，它在现实中还会存在吗？或者说在你返回之前，它处于一超级状态，以烧毁、洪灾、被蚂蚁或黑熊攻击或者平安无事的多种可能性共存的吗？鸟类和松树能算作观察者吗？尽管有些奇怪，但这恰恰就是玻尔的哥本哈根诠释在原子水平上对世界作出的解释。

多世界　哲学问题"观察如何决定结果"导致了一种新的量子理论解释的出现——多世界假设。该假设于 1957 年由休·埃弗里特（Hugh

埃尔文·薛定谔（Erwin Schrödinger）1887—1961 年

埃尔文·薛定谔是奥地利物理学家，他致力于量子力学的研究，并同爱因斯坦一起尝试将万有引力和量子力学统一成一种理论，但以失败告终。他赞成波动说，而不喜欢波粒二象性，这使他与其他物理学家多有冲突。

孩童时代的薛定谔喜欢德国诗歌，却在大学决定要研究理论物理。他参加了第一次世界大战。在意大利前线期间，他还继续研究，并有论文发表，后重返学术界。薛定谔于 1926 年提出了波动方程，并因此与狄拉克分享了

1933 年的诺贝尔奖。之后，他移居柏林，成为普朗克过去所在系的主任。1933 年，希特勒上台，他决定离开德国。他先后在剑桥、普林斯顿和格拉兹呆过一段时间，但自感难以落脚。1938 年，奥地利沦陷，他被迫离开，最后来到了爱尔兰的都柏林。新成立的高等研究院专门为他设置了一个职位。退休后，他回到了维也纳。薛定谔的个人生活与他的职业生活同样复杂。他结过几次婚，有好几个孩子。他曾同妻儿在牛津呆过一段时间。

Everett）提出。它避开了未观测波函数的非决定性，而是认为存在无数平行的世界。每次观察之后得到特定结果时，新世界就会分裂出来。除了观察到发生变化的那个物体，各个世界之间完全相同。因此，虽然概率都是相同的，但是事件的发生可使我们遍历一系列分支世界。

用多世界诠释解释薛定谔的猫的实验时，当盒子被打开，猫不再处于各种可能状态的叠加态；相反，它要么在一个世界中活着，要么在另一个平行世界中死去。在一个世界中，可能毒药释放出来，而在另一个世界中，则没有毒药释放。

多世界诠释相比于波函数的叠加是否是一种改进，仍然需要论证。我们可能无需观察者将自己从概率云中拉出来，但需要提出许多只有微小区别的平行世界。在某个世界中，我是摇滚歌星；而在另外一个当中，可能只是一个街头卖艺的。或者在某个世界中，我穿的袜子是黑色的；而在另一个当中，穿的袜子是灰色的。这样看起来似乎很多"好世界"被浪费了（暗指人们拥有华丽衣柜的那些世界）。其他的平行世界可能更加不同——某个世界中，猫王埃尔维斯仍然活着；另一个世界中，约翰·肯尼迪没有遇刺；还有一个世界中，戈尔成了美国总统。有的电影剧情也借用了这样的思想。例如在《滑动门》（*Sliding Doors*）中伦敦的格温妮丝·帕特洛（Gwyneth Paltrow）生活在两个平行世界中，一个是成功的，另一个则是失败的。

今天，有些物理学家认为薛定谔比喻性的猫实验的思想是无效的。他试图把人们熟悉的物理学思想，以类似于完全基于波的理论的方式，应用到量子世界中。但我们必须承认，量子世界是有着奇特之处的。

生死未卜

29 EPR 悖论

量子力学指出信息可以在各个系统之间瞬间传输，而与系统之间的距离无关。这种纠缠的现象表明宇宙中的粒子之间存在着一张巨大的互联网络。爱因斯坦、波多尔斯基和罗森认为该结论是荒谬的，于是在EPR悖论中对此提出了质疑。实验表明量子纠缠是存在的。自此，量子纠缠开始应用于量子密码学、量子计算，甚至于瞬间传输。

爱因斯坦一直不接受量子力学的哥本哈根诠释。哥本哈根诠释认为量子系统是以概率叠加态存在的。只有对量子系统进行观察时，系统才会采取终态。没有观察时，系统的存在状态有多种可能性。爱因斯坦对该种解释很不满意，认为这样的混合存在状态是不现实的。

自相矛盾的粒子 1935 年，爱因斯坦与波里斯·波多尔斯基（Boris Podolsky）和内森·罗森（Nathan Rosen）一起，提出了爱因斯坦-波多尔斯基-罗森（Einstein-Podolsky-Rosen）悖论，简称 EPR 悖论。请读者想象由一个粒子衰变成两个较小的粒子。如果原来的母粒子是静止的，则两个子粒子必须具有大小相等、方向相反的线动量和角动量，以保证动量总和仍然为 0（守恒）。因此子粒子将互相分开，且旋转方向相反。子粒子对的其他量子属性也是类似的。只要发生

> **"我始终相信，上帝是不会掷骰子的。"**
>
> 阿尔伯特·爱因斯坦，1926 年

大事年表

公元 1927 年	1935 年
提出了哥本哈根诠释	爱因斯坦、波多尔斯基和罗森提出了 EPR 悖论

瞬间传输

科幻小说中经常会出现瞬间传输的场景。19世纪电报等通信技术的出现，使远距离信号传输成为可能。20世纪20和30年代，瞬间传输开始在亚瑟·柯南·道尔（Arthur Conan Doyle）等所著的书中出现，成为科幻故事的重要部分。在乔治·兰吉尔（George Langelaan）所著的《变蝇人》（*The Fly*）中，一位科学家将自己的身体瞬间传输，而身体的信息却与家蝇混在了一起，变成了半人半蝇的怪物，该作品现已有三个不同的电影版本。

瞬间传输是伴随着科幻电视剧《星际迷航》（*Star Trek*）的出现而腾飞的。剧中有句著名的台词："把我传送出去，斯考蒂。""进取号"（*Enterprise*）星舰瞬移机可以将传输物折分为单个的原子进行传输，然后再把这些原子完美组合起来。在现实生活中，受海森堡不确定性原理的限制，人们认为瞬移是不可能的。虽然无法对实际的原子进行瞬移，但是通过量子纠缠却可以实现信息的长距离传输。不过目前，这种传输只对小粒子有效。

衰变，那么只要测得了其中一个子粒子的自旋方向，就能马上知道另一个子粒子的自旋方向是相反的。即便经历了很长时间，粒子已经运动到远处，看不见了，也仍然如此。这就好像是看到一对双胞胎，如果发现其中一个双胞胎的眼睛是绿色，我们马上就能猜到另一个双胞胎的眼睛也是绿色的。

如果采用哥本哈根诠释对此进行解释，那么就意味着在测量之前两个粒子（或双胞胎）处于多种可能状态的叠加。粒子的波函数包括各方向上的自旋信息，而对于双胞胎来说，他们的眼睛则是各种颜色的叠加。只要测量了两个粒子之一，那么二者的波函数就会同时坍缩。爱因

1964 年	1981~1982 年	1993 年
约翰·贝尔（John Bell）提出了局部现实（local reality）不等式	贝尔不等式被证明是不成立的，由此支持了量子纠缠说	量子比特（quantum bit）被重新命名为量子位（qubit）

斯坦、波多尔斯基和罗森认为这样的解释是没有意义的。如果两个粒子相隔甚远，怎么可能同时对其施加某种作用呢？爱因斯坦已经指出光速是一切速度的极限，任何物体的速度都不能超过光速。对第一个粒子的观察行为如何能传达到第二个粒子？测量宇宙一侧的物质并不能同时影响宇宙另一侧的物质。这就说明，量子力学是错误的。

纠缠　在描述薛定谔猫悖论的论文中，薛定谔还采用了"纠缠"一词描述在一定距离下的这种奇怪的行为。

对玻尔而言，宇宙在量子水平上是相互联系的。但爱因斯坦的观点与此不同，他更倾向于承认"局部现实"，也就是说世界的信息在局部是确定的。好比一对双胞胎如果生下来时眼睛的颜色一样，那么他们的眼睛在我们观察之前也不会处于模糊的多色状态。爱因斯坦由此假定粒子对一旦出现，就固定不变了，观察者在一定距离下进行观察时无需通信，也无需发挥任何作用。爱因斯坦猜想有一些隐变量（现称"贝尔不等式"）的存在将被发现，最终可以证明自己是正确的，不过目前还没有证据能支持这个猜想。

爱因斯坦的"局部现实"理论现已被证实是错误的。实验表明量子纠缠是存在的。即便粒子的数目不止 2 个，或者粒子之间的距离有几米远，纠缠仍然是存在的。

量子信息　量子纠缠开始时是一个哲学上的争论。不过现在量子纠缠已经能用前所未有的方式实现信息的编码和传输。在一般的计算机中，信息是以二进制固定值的位编码的。量子编码中采用两个或两个以上的量子态，系统也以这些状态的叠加态存在。1993 年，"量子比特"开始被简称为"量子位"（比特值的量子叠加）。基于这些原理，现已设计出了量子计算机。

纠缠态为量子位之间的通信提供了新的方式。如果有测量动作发生，就会引发系统的各个部分之间爆发式的量子通信。测出了系统一部分的值，就能设置系统其他所有部分的值。该效应在量子密码学和量子瞬移上是很有用的。

量子力学的不确定性实际上排除了科幻中所描述的瞬移。要实现这种瞬移，科学家需要采集到物体的所有信息，之后在别处重新组装。而不确定性原理使我们想要获取所有信息的想法破灭。因此，要实现一个人（哪怕是一只苍蝇）的瞬移是不可能的。但是，通过操作纠缠系统，可能会实现量子瞬移。如果有两个人（物理学家们通常称为爱丽丝和鲍勃）共享一对纠缠的光子，则爱丽丝可以对她的光子进行测量，之后将最初所有的信息传送给鲍勃的纠缠态光子。鲍勃的光子和爱丽丝的虽然不是同一个，但此时却无法把二者区分开来。不管事实是否如此，瞬移这个问题本身还是很好的。没有任何光子和信息是能够到达任意地方的，因此爱丽丝和鲍勃可能位于宇宙两边，并变换各自的纠缠态光子。

量子密码学采用量子纠缠作为关联加密密钥。发送者和接收者分别持有纠缠系统的一部分。信息被随机置乱后，唯一的解密码通过连接到接收者的量子纠缠进行发送。这样做的好处是，如果信息被拦截，那么任何测量行为都会造成信息的破坏（量子态改变了）。因此信息只能使用一次，而且只能被那些了解如何通过密钥进行量子测量的人读取。

纠缠告诉我们，世界并不是独立存在的，它依赖于测量的形式。空间中除信息外的所有物体都是不固定的。人们只能对信息进行收集，按照认为合适的方式进行排序，使信息变得更有意义。宇宙是信息的海洋，人们赋予信息的形式是次要的。

> **" 看起来似乎连上帝也受不确定性原理的约束，无法知道粒子的位置和速度。那么上帝也跟宇宙玩掷骰子吗？所有的证据都表明上帝是赌鬼，一有机会就掷骰子。"**
>
> 斯蒂芬·霍金，1993 年

凝聚思想

瞬间传输

30 泡利不相容原理

泡利不相容原理解释了物质为什么是坚硬和难以穿透的——为什么人不会陷入地板中，手进不到桌子当中去。该原理还对中子星和白矮星作出了解释。沃尔夫冈·泡利所提出的泡利不相容原理适用于电子、质子和中子，对物质具有深远的影响。该原理表明粒子不能同时具有相同的量子数。

物质为什么具有硬度？我们知道原子之间大部分是真空，那为什么不能像挤海绵那样挤压物体，或者像在刨丝器上粉碎奶酪一样，将不同物质彼此挤入呢？物质为何会占据空间是物理学上的重大问题之一。如果实际情况不是这样，我们就会掉到地球的中心，或陷到地板里去，而建筑物也会被自身的重量压扁。

并不相同 泡利不相容原理是由泡利于 1925 年提出的。该原理解释了正常原子无法共存于同一空间的原因。泡利指出，原子和粒子的量子行为决定了它们必须遵循一定的规则，不能具有相同的波函数，也就是说不能具有相同的量子属性。该原理主要是为解释原子中电子的行为提出的，电子倾向于以特定能量状态（轨道）绕核运动。电子在这些轨道上排布，而不会挤到能量更低的轨道上。它们似乎是按照泡利提出的原理填充的。

大事年表

公元 1925 年	1933 年
泡利提出了不相容原理	发现了中子，预测了中子星的存在

牛顿物理学表示式中含有力、动量和能量等参数，量子力学也一样，有自己的一套参数。例如，量子自旋与角动量类似，但自旋是量子化的，只能取某些特定值。通过求解薛定谔方程就会发现：描述任何粒子，都需要 4 个量子数——包括 3 个空间坐标和 1 个自旋坐标。泡利规则说的是同一原子中，没有任何两个电子的 4 个量子数完全相同。当原子变大，电子数增多时，电子就会填充到分配的空间上去，逐渐占据更高能级的轨道。这就好比小剧院里已座无虚席，只能靠外坐了。

费米子 泡利规则适用于所有自旋量子数等于基本单位半整数倍的电子和其他粒子，包括质子和中子。为纪念意大利物理学家恩里科·费米（Enrico Fermi），这些粒子被命名为"费米子"。按照薛定谔方程，费米子具有不对称的波函数，可从正变到负。自旋是有方向的，如果两个费米子具有相反的自旋，就可以互相靠近。两个电子只有自旋方向相反，才能占据原子中最低的能量状态。

物质的基本组成单元（电子、质子和中子）都是费米子，而泡利不相容原理描述的实际上是原子的行为。这些粒子都不能与其他粒子共用同一量子能量状态，因而硬度就成为原子的固有属性。分布在不同能量壳层上的电子无法都挤到离核最近的轨道上，实际上，电子还会强烈抵抗这种压缩。两个费米子不能"坐"到同一个"座位"上。

1967 年

发现了脉冲星（中子星的一种）

沃尔夫冈·泡利（Wolfgang Pauli）1900—1959 年

泡利最著名的工作是提出了泡利不相容原理和指出了中微子的存在。泡利大器早成，学生时代就阅读爱因斯坦的著作，并写出了有关相对论的论文。海森堡说泡利是夜猫子，常常在咖啡馆中干工作，早上却很少去听课。泡利本人受到了诸多私人问题困扰：母亲自杀、短暂的婚姻失败和酗酒成性等。为寻求帮助，他找到了瑞士心理学家卡尔·荣格，荣格记录了泡利所做的上万个梦。再婚后泡利的生活有了起色，可不久二战就爆发了。他虽身在美国，仍致力于维持欧洲科学的活力。战后，他返回瑞士苏黎世，于 1945 年获得诺贝尔奖。晚年的泡利致力于量子力学的哲学和心理学研究。

量子简并 中子星和白矮星的存在也可由泡利不相容原理得到解释。恒星生命即将结束时，就不再燃烧燃料，而发生向心聚爆。它自身巨大的万有引力将所有气层拉向内部。恒星塌陷时，有些气体会被炸飞（如超新星爆炸），不过剩下的物质将继续收缩。由于原子之间压得更紧了，电子就会产生抵抗压缩的斥力。在不违反泡利不相容原理的前提下，电子优先占据最内的能量壳层，靠"简并压力"支撑起整个恒星。白矮星的质量与太阳接近，但其半径却被压缩到接近地球半径的水平。白矮星的密度非常之高，一块方糖大小的白矮星材料就重达 1 吨（1 吨 =1000 千克）。

地球

白矮星

•

中子星

对自引力更大的恒星，尤其是超过太阳质量 1.4 倍（称为钱德拉塞卡极限）的恒星来说，事情到压缩为止还没结束。在此后的另一过程之中，质子和电子结合形成中子，从而巨大的恒星会收缩成致密的中子球体。

如前所述，因为中子是费米子，所以不能具有完全相同的量子态。简并压力可以将中子聚集在一起形成中子星，直径仅有 10 千米左右。中子星的大小与美国的曼哈顿相当，质量却相当于一个或者

"为什么基态原子的电子并不是填充在最内层上？玻尔曾着重指出这是个基础性的问题。经典力学对该现象的解释是无能为力的。"

泡利，1945 年

几个太阳的大小。中子星的密度也非常高，方糖大小的一块中子星质量就会超过 1 亿吨。如果（例如对于最大的恒星的）万有引力比这还要大的话，则中子星经进一步压缩最终会形成黑洞。

玻色子 泡利规则仅适用于费米子。自旋为基本单元整数倍且具有对称波函数的粒子称为"玻色子"（为纪念印度物理学家萨特延德拉纳特·玻色，以他的名字命名）。玻色子包括与基本作用力相关的粒子，如光子和某些对称的核（如氦原子核，它有两个质子和两个中子）。玻色子可具有相同的量子态，且数目不受限制，因而可产生协同群体行为。激光就是许多单色的光子共同发挥作用产生的。

泡利不相容原理开始只是玻尔原子模型的延伸。之后，经过以海森堡和薛定谔为代表的物理学家们的努力，引领了量子力学的进展。但泡利不相容原理是研究原子世界的基础，得出的结果却能为人们所感知。这点是量子力学所不能及的。

凝聚思想

这个座位有人吗？

31 超导性

某些导电金属和合金在极低温度下电阻会变为零。在这种超导体中的电流可以流动几十亿年，而不损失任何能量，此时电子成对存在，并一起移动。因为电子之间不存在碰撞，也就不存在电阻，到达了永动状态。

水银的温度如果降低到几开尔文，电阻就不存在了。1911 年，荷兰物理学家海克·昂尼斯（Heike Onnes）将水银的温度降低到液氦的温度（4.2 开尔文）时，发现了超导现象。由此，人们发现了第一种超导材料。不久，人们又发现其他冷金属（如铅）和化合物（如氮化铌）也有类似行为。不同材料的临界温度不同，在临界温度以下，材料的电阻为零。

永动 零电阻使电流可以在超导体中永远流动下去。在实验室中，这种电流可以维持若干年。物理学家估计，在没有任何能量损失的情况下，电流可以维持几十亿年。这与科学家们提出的永动概念已经非常接近了。

群体思维 物理学家们对低温下物质的这种转变深感疑惑。临界温度的存在表明在材料中发生了相变。由此，物理学家们转而考察金属中电子的量子行为。在这方面，量子力学提供了一些线索。20世纪 50 年代出现了几种思想。1957 年，美国物理学家约翰·巴丁

大事年表

公元 1911 年	1925 年	1933 年	20 世纪 40 年代
昂尼斯发现了超导性	预测了玻色-爱因斯坦凝聚物的存在	发现超导体与磁场是互斥的	发现了超导化合物

超流体

超流体没有粘度，因此可以一直在管中无摩擦地流动。早在 20 世纪 30 年代人们就知道了超流体。超流体的一个例子是过冷氦 4（原子质量为 4，含有 2 个质子、2 个中子和 2 个电子）。氦 4 原子是玻色子，由费米子对组成。

容器内的超流体会表现出非常特殊的行为：它可以沿着器壁流动，流体层的厚度仅有一个原子厚度的大小。在超流体中，温度梯度无法存在（热导率无限大，热会导致压力的变化），因此如果插入一段毛细管并对其加热，就会有流体喷出形成"小喷泉"。对一桶超流体进行旋转时，就会出现奇特现象：因为流体没有粘度，刚开始旋转的时候，它是不动的；随着旋转速度的加快，超过某个临界值流体就会突然开始旋转。转速是量子化的，也就是说流体只能以特定的转速转动。

（John Bardeen）、利昂・库珀（Leon Cooper）和约翰・施瑞弗（John Schrieffer）对金属和简单合金的超导现象提出了一个令人信服的完整解释，现称为 BCS 理论。该理论认为超导性之所以存在，是因为电子成对出现所产生的特殊行为。

BCS 理论将电子对称为库珀对。库珀对可通过两个电子之间的束缚力与金属原子晶格发生相互作用。金属是由带正电的核构成的晶格与自由移动的电子构成的"海洋"组成的。在金属温度极低时，晶格是固定的。带负电荷的电子经过晶格时，就会对晶格上带正电的核产生拉力，形成波纹。在附近运动的另一个电子受到该区域较强正电的吸引，就会形成电子对，后者围绕前者转动。这种现象对于金属中的电子非常普遍。许多同步电子对共同形成了移动的波动图形。

1957 年	1986 年	1995 年
提出了超导性的 BCS 理论	制得了高温超导体	在实验室中制出了玻色-爱因斯坦凝聚物

玻色-爱因斯坦凝聚态

在极低温度下，玻色子的群体行为大不相同。接近绝对零度时，多个玻色子可占据相同的量子态。此时，在宏观范围内可观察到量子行为。根据印度物理学家玻色的理论，爱因斯坦于1925年首次预测出了玻色-爱因斯坦凝聚态（BEC）的存在。但直到1995年，人们才第一次在实验室中制得该凝聚态。科罗拉多大学的埃里克·康奈尔（Eric Cornell）和卡尔·威曼（Carl Wiemann）以及不久后MIT的沃尔夫冈·凯特勒（Wolfgang Ketterle）在将气态铷原子冷却到一千七百亿分之一开尔文时观察到了这种行为。在BEC中，所有成簇原子均具有大致相同的速度，中间的偏差是由于海森堡不确定性原理。BEC与超流体的行为类似。不同玻色子的量子态彼此可以相同。由此，爱因斯坦推断，将玻色子冷却到极低的临界温度以下，可以使其进入（凝聚）能量最低的量子态，产生新的物质形式。BEC很容易分解，目前离实际应用也仍有较大距离。不过，从中人们能对量子力学有更深入的了解。

单个电子必须遵守泡利不相容原理。该原理不允许波函数不对称的粒子（费米子）占据相同的量子态。因此，同一区域如有多个电子，则必然它们彼此的能量不同。原子或金属中的电子就是如此。如果电子以单粒子的形式成对存在，就不受上述原理的限制。此时，电子的整体波函数就变成对称的，整体上看也不再是费米子，而是玻色子了。作为玻色子的电子对可以具有相同的最小能量。这样一来，金属中的电子以成对形式存在时总能量就比单个存在时来得小了。正是这种特定的能量差，导致了材料在临界温度下的迅速转换。

如果晶格的热能低于该能量差，就会观察到电子对的连续流动和与此耦合的晶格振动，即超导性。晶格波驱动晶格内的长距离运动，使电阻为变为零，所有的电子对都在移动。这些电子对就像超流体一样，流动起来没有障碍，也不存在与静止晶格原子间的碰撞。温度较高时，库珀对被破坏，并失去类似玻色子的特性。此时，电子会与温度较高的振动晶格离子发生碰撞，产生电阻。电子从一致流动的玻色子转变为无规则运动的费米子后，就会在不同状态之间发生快速转换，反之亦然。

高温超导体 20 世纪 80 年代，超导体技术有了飞速的发展。1986年，瑞士研究者发现了一种新型陶瓷材料。这类材料可在较高温度下变成超导体，即所谓的"高温超导体"。第一个高温超导体材料是由镧、钡、铜和氧等元素组成的化合物（称为铜氧化物），可在 30 开尔文转变为超导材料。1 年后，又有人设计出了转变温度为 90 开尔文的超导体材料。这个温度已经超过了液氮的温度。目前，采用钙钛陶瓷和（铊掺杂的）汞-铜氧化物超导体的转变温度已经达到了 140 开尔文左右。在高压条件下，还可以获得更高的临界温度。

一般认为陶瓷是绝缘体，因此陶瓷超导体的出现是人们之前没有想到的。目前，物理学家们仍在寻找解释高温超导性的新理论。这是物理学中发展较快的领域之一，必将对电子学产生革命性的影响。

超导体有什么用处？它们是强电磁铁，常用在粒子加速器和医院的MRI 扫描仪上，将来还可用于高效变压器，甚至磁悬浮列车上。但超导体极低的临界温度限制了它的应用。因此，人们仍在不断寻找新的高温超导体，期待有朝一日能使其在实际中获得广泛应用。

失效的电阻

32 卢瑟福原子

人们一直以来都认为原子是物质的最小组成单元。早在20世纪初，欧内斯特·卢瑟福等物理学家就已经开始研究原子内部的结构，指出原子是由电子层和包含质子和中子的硬核（原子核）组成的。为解释核子之间的束缚作用，一种新的基本作用力——强核力被提出。自此，人们迎来了原子时代。

远在希腊时代，人们就认为物质是由许多微小的原子组成的。不过，与希腊人认为原子是不可分割的物质最小单元不同，20世纪的物理学家们认识到原子未必不可分，并转而研究原子内部结构。

葡萄干布丁模型 人们研究原子结构，首先发现的就是电子。1887年，约瑟夫·约翰·汤姆逊将一束电流通过封有气体的玻璃管，从原子中激发出了电子。1904年，汤姆逊提出了原子的"葡萄干布丁模型"：带负电的电子像葡萄干一样点缀在一团正电荷上。人们现在将该模型称为"蓝莓松糕模型"。汤姆逊的原子模型实质上是包含电子的正电荷云模型，且电子很容易释放出来。电子和正电荷在整个"布丁"中混在一起。

原子核 不久之后的1909年，卢瑟福做了一个实验：他将重α粒子射到非常薄的金箔上（大部分α粒子能直接通过）。不过实验结果却令他大为不解。因为有少部分的α粒子被从金箔上直接反弹了回来。粒

大事年表

公元 1887 年	1904 年	1909 年
汤姆逊发现了电子	汤姆逊提出了葡萄干布丁模型	卢瑟福进行了金箔实验

欧内斯特·卢瑟福（Ernest Rutherford）1871—1937 年

卢瑟福是新西兰人。他采用放射性方法将一种元素（氮）变成另一种元素（氧），是当代的"炼金术士"。他是英国剑桥大学卡文迪许实验室的领导者，颇具感召力，指导的学生中有多人成为诺贝尔奖得主。卢瑟福的外号是"鳄鱼"，时至今日，这种动物仍然是卡文迪许实验室的标志。1910 年，他通过研究 α 射线的散射和原子的内部结构，发现了原子核。

子的运动方向改变了 180 度，好像撞到墙上一样。卢瑟福意识到到金箔的金原子中，存在一种硬度、质量均较大的粒子，能够排斥较重的 α 粒子。

卢瑟福认为汤姆逊的葡萄干布丁模型无法解释上述现象。如果原子只是正负电荷混合体的话，则二者的重量均不足以将较重的 α 粒子弹回。因此，他认为金原子内部一定有一个硬核，称为"原子核"（希腊语是"坚果的核"之意）。从此，原子核物理诞生了。

同位素　物理学家们既然能测出元素周期表中不同元素的质量，也就能测出原子的相对质量。不过要知道电荷的分布就比较困难了。卢瑟福只知道原子包括电子和带正电的原子核。为使电荷达到平衡，他假设原子核是由质子（带正电的，由卢瑟福于 1918 年通过分离氢核发现）和中和部分质子正电荷的电子组成的。其余的电子在核外的量子化轨道上绕原子核旋转。最简单的元素"氢"的原子核只包含 1 个质子和 1 个绕核运动的电子。

> **"这真是令人难以置信，就好像把一颗 15 英寸（1 英寸 =2.54 厘米）的炮弹打向一张薄纸，却被反弹回来一样。"**
>
> 卢瑟福，1964 年

1911 年	1918 年	1932 年	1934 年
卢瑟福提出了原子核模型	卢瑟福分离出了质子	查德威克发现了中子	汤川提出了强核力

三种放射性射线

放射性物质有三种射线，分别称为 α 射线、β 射线和 γ 射线。α 射线由含有两个质子和两个中子的重氦核构成。由于 α 粒子质量较大，在能量损失之前运动的距离有限，用纸就能轻易将其截获。第二种辐射是由 β 粒子实现的。β 粒子是高速运动的电子，质量较小，带负电，其运动距离比 α 粒子远，但也能轻易用铝板之类的金属截获。第三类是 γ 射线，它是电磁波，没有质量，具有较高的能量。γ 射线普遍存在，只能通过高密度混凝土块或铅块对其进行屏蔽。这三种类型的辐射都是由不稳定的放射性原子发射出来的。

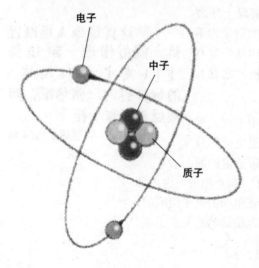

电子
中子
质子

其他具有特殊质量数的元素称为同位素。碳原子质量数通常为 12，但也有质量数为 14 的。碳 14 不稳定，可释放出 β 粒子变成氮 14，半衰期（原子释放出次级粒子，衰变一半数目所需的时间）为 5 730 年。该反应常用于放射性碳年代测定法，对数千年历史的古代文物进行年代测定，例如烧制过的木头和炭。

中子 20 世纪 30 年代早期，人们发现了一种新的射线。它可以将石蜡中不带电的质子轰击出来。剑桥大学物理学家詹姆斯·查德威克（James Chadwick）发现这种新的射线产生的实际上是一种不带电的粒子，它的质量与质子相同。这种粒子被命名为中子，并且原子核模型也相应作出了调整。例如，科学家们认识到，碳 12 原子的原子核中有 6 个质子和 6 个中子（因此质量数为 12），核外有 6 个电子。中子和质子都是核子。

强力　与整个原子和原子的核外电子相比，原子核是非常小的，它的直径只有几飞米（1 飞米 =10^{-15} 米），大小只有原子的十万分之一。如果将原子放大到地球直径大小，那么中心原子核的直径只有 10 千米，相当于曼哈顿的大小。但是，原子核虽然很小，却集中了几乎整个原子的质量，并且一个原子核可能有几十个质子。是什么力将这些正电荷如此紧密地束缚在这样狭小的空间呢？为解释正电荷之间的电磁排斥，物理学家们只好发明出一种新的力，称为强核力。

两个质子相互靠近，起初会因为二者携带同种电荷而相互排斥（麦克斯韦平方反比定律）。如果进一步靠近，强核力就会发挥作用，将二者束缚在一起。强核力只在距离很小的情况下发挥作用，但它却远比电磁力大。如果两个质子进一步靠近，它们就会像硬球一样相互排斥。因此质子之间的距离有一个限度。这种行为表明核是紧密束缚的，结构紧凑，硬度较大。

1934 年，汤川秀树（Hideki Yukawa）提出核力是由一种特殊粒子（称为介子）产生的，作用方式与质子类似。质子和中子通过交换介子结合在一起。人们尚不清楚为什么强核力会在这样的特定距离尺度下发挥作用。为什么强核力在核外很弱，而在近距离时却很强？它好像就是为了使核子以精确间距结合在一起而存在的。强核力与万有引力、电磁力和弱核力一样，也是四种基本力之一。

> **"宇宙中只有原子和空间；剩下的都是思想。"**
>
> 德谟克利特，公元前 460 年—公元前 370 年

坚硬的核

33　反物质

　　科幻小说中宇宙飞船的动力常常是"反物质"。反物质的确存在，甚至在地球上就能人工制得。反物质是物质的镜像，具有负能量。反物质和物质不能长时间共存，两者只要相互接触就会湮灭，并释放出能量。反物质的存在表明粒子物理学深层的对称性。

　　沿街走的时候就会看到另一个你，这个人就是你的反物质孪生子。你会与他握手吗？物理学家在 20 世纪 20 年代就预测出反物质的存在，并在结合量子理论和相对论的基础上于 20 世纪 30 年代发现了反物质。反物质是物质的镜像，反物质粒子的电荷、能量和其他量子属性都是反号的。因此，反电子（正电子）具有与电子相同的质量，但所带电荷是正的。质子和其他粒子也都有各自的反物质。

> **"有十亿个反物质粒子，就有十亿零一个物质粒子。当反物质和物质相互接触湮灭后，就只剩下了十亿分之一的物质了，而这就是现在的宇宙。"**
>
> 爱因斯坦，1879—1955 年

　　负能量　英国物理学家狄拉克于 1928 年建立了电子的方程，发现电子的能量可以为正，也可以为负。就像方程 $x^2=4$ 有两个解 $x=2$ 和 $x=-2$ 一样，狄拉克从电子的方程中也得出两个解：正能量（对应于普通电子）和负能量（无意义）。不过狄拉克没有忽视后者，他指出具有负能量的电子实际也可能是存在的。物质的互补态就是"反"物质。

大事年表

公元 1928 年	1932 年
狄拉克推出了反物质的存在	安德逊探测到了正电子

反粒子 人们很快就开始寻找反物质。1932年，卡尔·安德逊（Carl Anderson）通过实验确认了正电子的存在。他沿着宇宙射线（从宇宙空间进入大气层中的高能粒子）产生的粒子流的轨迹，发现一种带正电的粒子具有与电子相同的质量，即正电子。于是人们证明了反物质不再是抽象的想法，而是实际存在着的。

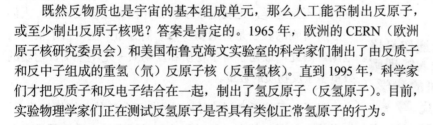

二十几年之后，人们又探测到第二种反粒子：反质子。物理学家们建造出新的粒子加速器，利用磁场提高粒子在加速器中飞行的速度。1955 年，人们利用运动的高能质子束获得足够大的能量，发现反质子是存在的。不久，人们又发现了反中子。

既然反物质也是宇宙的基本组成单元，那么人工能否制出反原子，或至少制出反原子核呢？答案是肯定的。1965 年，欧洲的 CERN（欧洲原子核研究委员会）和美国布鲁克海文实验室的科学家们制出了由反质子和反中子组成的重氢（氘）反原子核（反重氢核）。直到 1995 年，科学家们才把反质子和反电子结合在一起，制出了氢反原子（反氢原子）。目前，实验物理学家们正在测试反氢原子是否具有类似正常氢原子的行为。

物理学家在地球上的粒子加速器中就能制出反物质。瑞士的 CERN 和芝加哥附近的费米实验室都有这样的粒子加速器。粒子束与反粒子束相遇时，就会湮灭，并释放出能量。质能转换关系由爱因斯坦的 $E=mc^2$ 方程给出。因此，如果你遇见了自己的反物质孪生子，最好不要伸出胳膊去拥抱他。

1955 年	1965 年	1995 年
人们探测到了反质子	制出了第一个反原子核	制出了反氢原子

保罗·狄拉克（Paul Dirac）1902—1984 年

狄拉克是一位腼腆的天才英国物理学家。人们开玩笑说，狄拉克的词典里只有"是"、"不是"和"我不知道"。他曾说："学校的老师告诉我，如果不知道怎么给句子结尾，那就干脆不要造句。"他力求精简，数学能力突出。他的博士论文以简明扼要著称，提出了描述量子力学的新的数学方法。他不仅实现了量子力学和相对论的部分统一，而且在磁单极方面的工作也很出色，预测出反物质的存在。1933 年狄拉克获得诺贝尔奖，他得知获奖后的第一个想法就是拒绝领奖，以避免引起公众注意。不过在得知拒绝会更加引人注目之后，他作出了让步。狄拉克未邀请自己的父亲参加诺贝尔奖颁奖典礼，可能是因为兄长自杀导致父子关系紧张的缘故。

> **"科学家以通俗易懂的方式，让一般人能理解之前不为人所知的科学。而诗人恰与此相反。"**
>
> 狄拉克，1902—1984 年

普遍不对称性　如果反物质在宇宙中普遍分布，那么湮灭就是一直在进行的，物质和反物质通过微小的爆炸逐渐湮灭。可事实上人们所看到的并不是这样，也就是说宇宙中并没那么多反物质。人们一般所看到的粒子是普通物质，它们分布广泛，占了很大的范围。因此，最初宇宙中物质和反物质一定不平衡，物质的数量多于反物质的数量。

粒子与反粒子之间的各种对称性正如物体与镜像的关系，二者相互关联。其中一种对称性与时间有关。反粒子具有负的能量，在数学上等价于时间上倒退的普通粒子，因此，可以将正电子理解成是从未来到过去的电子。第二种对称性与粒子电荷的正负有关，正反粒子的电荷相反，称为"电荷共轭"。第三种对称性与空间中的运动有关。根据马赫原理，改变空间网格坐标的方向，一般不会对运动产生影响。从左到右运动的粒子与从右到左运动的粒子并无差别。顺反时针旋转亦是如此。这种所谓的"宇称"对称性对大多数原子都是成立的，但也并非总是成立，有几个例外。例如，中微子只有一种形式，即左旋中微子，它只向一个方向旋转，右旋中微子是不存在的；

反中微子则相反，都是右旋的，没有左旋的。因此，虽然电荷耦合和宇称加起来是守恒的（简称电荷宇称或简称为 CP 对称性），但并非总是成立。

化学家们发现某些分子倾向于采取左旋或右旋的构型。物理学家对为什么宇宙主要是物质而不是反物质甚是困惑。宇宙中只有很少一部分（0.01%）是反物质，但宇宙中包含各种形式的能量，如大量的光子。因此，在大爆炸期间很可能产生了大量物质和反物质，其中大部分很快都湮灭了，现在留下的只是冰山一角。只要物质的数量比反物质稍多一点，就能解释今天的宇宙。事实上，只要大爆炸后的瞬间能有一百亿（10^{10}）分之一的物质粒子遗留下来就够了，其余的物质和反物质均发生湮灭，不复存在。残留下来的物质很可能是因为 CP 对称性破坏造成了微小不对称性。

这种不对称性涉及的粒子是一种重玻色子，称为 X 玻色子，目前还没有被发现。它们以一种不太对称的方式衰变，所产生的物质稍有过量。X 玻色子也可与质子发生相互作用，使质子发生衰变。不过这并非是人们所希望的。这种衰变最终会使所有物质都消失，变成许多更小的粒子。不过，可以放心的是该过程进行得很慢。至今还从未有人发现质子的衰变，说明质子是很稳定的。它的寿命在 10^{17} 到 10^{35} 年之间，远远大于宇宙目前的寿命。但是也应该知道，如果宇宙年龄变得足够大时，最终普通物质也会消失。

> **"正确的陈述的对立面是错误的陈述，可真理的对立面往往却蕴含着另一个真理。"**
>
> 尼尔斯·玻尔，1885—1962 年

镜像物质

34 核裂变

核裂变是科学上的重大发现之一，也是人类在核物理学理解上的重大飞跃，它开辟了原子能的新纪元。不过在战争的庇护下，该技术却在核武器研制上得到迅速应用。日本的广岛和长崎市就曾受核武器的重创，由此所产生的核扩散问题至今仍难以解决。

20 世纪初叶，人们逐渐认识了原子的内部结构。原子的结构类似于俄罗斯套娃，由硬的原子核和围绕原子核运动的多层核外电子组成。到 20 世纪 30 年代早期，人们又进一步深入到原子核内，发现原子核是由带正电的质子和不带电的中子组成的。二者的质量均远大于核外电子，通过强核力结合在一起。于是，解释原子核的结合能就成为科学家的重要研究课题。

突破 早在 1932 年就有人成功研究了原子核的内部结构。英国牛津大学的科克罗夫特和沃尔顿从金属中轰击出了快质子。这样一来，金属的组成发生了变化，并按照爱因斯坦的质能方程 $E=mc^2$ 释放出能量。不过，实验中释放的能量小于输入的能量，因此，物理学家们认为无法从这类反应中获得能量，以作商用。

1938 年，德国科学家奥托·哈恩（Otto Hahn）和弗里茨·斯特拉斯曼（Fritz Strassmann）用中子轰击重元素铀，希望能制出新的重元

大事年表

公元 1932 年	1938 年
查德威克发现了中子	发现了原子裂变现象

素。不过，他们却意外发现了一种很轻的元素，只有铀的质量的一半。从实验结果来看，铀原子核受到不足其质量一半的粒子轰击时，被"撕成"了两半，就像切开的西瓜一样。哈恩将此现象记录下来，并写信给莱丝·梅特娜（Lise Meitner）。梅特娜是奥地利人，刚逃离法西斯德国去往瑞士。梅特娜对此也同样感到困惑，于是与她的侄子——物理学家奥托·弗里希（Otto Frisch）一起讨论。梅特娜和弗里希认为原子核裂变后所形成的两半的质量之和小于裂变前核的总质量，因此有能量的释放。回到丹麦后，弗里希抑制不住内心的激动，将想法告诉了玻尔。玻尔当时正在去美国的船上，他马上着手对此做出解释，并将此事告诉了哥伦比亚大学的意大利物理学家恩里科·费米（Enrico Fermi）。

> **"我们渐渐认识到，原子核的裂变并不是像西瓜刀切西瓜那样的，玻尔的理论可能在告诉我们，原子核更像水滴。"**
>
> 奥托·弗里希，1967 年

梅特娜和弗里希先于玻尔发表了他们的研究论文，并仿照生物细胞分裂的概念，引入了"裂变"一词。回到纽约后，费米和流亡的匈牙利人里奥·齐拉特（Leo Szilard）发现，铀的反应可以产生剩余中子。而中子可以继续诱导铀的裂变，形成核链式反应（自维持反应）。1942年，费米在芝加哥大学足球场上实现了第一个链式反应。

核能

人们可以设法将链式反应控制在亚稳状态，用于核电厂发电。为调节铀燃料中的中子的流动，可采用硼控制棒吸收多余的中子。另外，为吸收裂变反应所产生的热量，需要采用冷却剂。水是最常用的冷却剂，另外还可采用加压水、氦气和液态金属钠。目前，法国的核能利用量在世界上处于领先地位，约占全世界核能发电量70%以上，而英国和美国则只占到20%左右。

1942 年	1945 年	1951 年
获得了第一个链式反应	美国在日本投下了原子弹	开始利用核能发电

链式反应 费米的同事，物理学家亚瑟·康普顿（Arthur Compton）对当天的情景仍记忆犹新："露台上十几位科学家在查看仪器，操作控制部件。我们进行链式反应的整个房间几乎都被层层堆起的石墨块和铀块占据了。各层的小孔上都插有安全控制棒。初步试验后，费米命令将控制棒向外拉1英寸。大家都知道此刻在进行的可是实际测试。于是，记录反应器中子数的盖革计数器的滴答声越来越快，最后变成了卡嗒卡嗒的声音。反应仍在继续进行，产生的辐射对我们所在的露台可能都会构成威胁。此时费米又下令：'放入安全棒。'这时计数器的滴答声又慢下来了。人类历史上首次原子能释放试验就这样被成功控制和停止了。人们递给费米一瓶意大利酒，随后大家欢呼起来。"

曼哈顿工程 里奥·齐拉特担心德国科学家会如法炮制，于是他找到爱因斯坦，两人于1939年联名向罗斯福总统递交了一份信件。不过没产生什么效果。直到1941年，英国物理学家通过计算表明核武器制造如何容易，并把数据与美国共享之后，才有实质性的进展。此时恰逢日本偷袭珍珠港，于是卢瑟福迅速启动了名为曼哈顿工程的美国核弹项目。该项目由伯克利大学物理学家罗伯特·奥本海默（Robert

核废料

裂变反应器虽能有效产生能量，却也会产生放射性废料。铀燃料的残留物和重元素都是毒性最大的副产品。铀燃料的残留物即便经过几千年的漫长时间，也仍具有放射性。而像钚一类的重元素，放射性可能会持续几十万年的时间。虽然这些危险废物的制造量很少，但在从矿石和其他过程中提取铀时却会产生一系列低放射性废物。如何处置这些废物是目前世界各国正在研究的课题。

Oppenheimer）领导，秘密基地位于新墨西哥的洛斯·阿拉莫斯。

1942 年夏，奥本海默领导的团队提出了核弹的原理。要达到引爆链式反应所需的临界质量，需要一定量的铀。但在爆炸之前，铀需要一分为二。常采用的技术有两种：一种是"枪"机理，即将一块铀射入到另一块中，辅以一般的炸药使两者融合达到临界质量；另一种是"内爆"机理，通过炸药形成中空的铀球，之后向心挤压到钚核上。

铀元素有两种形态，或者两种同位素。同位素是原子核内的质子数相同，中子数不同的元素。常见同位素铀 238 的丰度是铀 235 丰度的 10 倍。对原子弹而言，铀 235 最有效，因此原料中的铀以铀 235 的形式富集。铀 238 得到一个中子变成钚 239，钚 239 不稳定，进一步分解释放出更多的中子。因此，与钚混合就能很容易地触发链式反应。第一种类型的原子弹是采用枪法，利用浓缩铀制成的，叫做"小男孩"。第二种类型是含钚的球形内爆原子弹，叫做"胖子"。

8 月 6 日，"小男孩"被投放到广岛。3 天之后，"胖子"被投放到长崎，几乎摧毁了整个城市。每颗原子弹所释放出的能量约相当于 20 000 吨炸药的威力，瞬间就造成 70 000 ～ 100 000 人丧生。最终统计的实际丧生人数在上述统计人数的基础上还要翻一番。

> **"我认为这一天将是人类历史上黑暗的一天。我很清楚地知道，如果德国人率先造出了原子弹，我们自己也绝不能落后。德国具备充足的人力来做成此事，因此我们别无选择，或者说我们认为自己别无选择。"**
>
> 里奥·齐拉特（Leo Szilard），
> 1898—1964 年

劈开原子

35 核聚变

我们身边，包括身体内的所有元素都是核聚变的产物。聚变所产生的能量可以作为太阳等恒星的能量来源，其内部所有的重氢元素都通过聚变反应而来。实际上，人也是由星尘组成的。如果能在地球上收集到恒星的能量，那么利用恒星核聚变就能获得无尽的清洁能源。

核聚变是轻核相互结合变成重核的过程。将氢原子核不断压缩，就能形成氦核，并在压缩过程中释放出大量能量。经过一系列的聚变反应，就会逐渐形成较大的核。现在所看到的各种形式的元素都是通过聚变产生的。

> **"请从两方面考虑该问题。了解恒星的知识需要从了解原子开始，而有关原子的重要知识也可以通过研究恒星得到。"**
>
> 亚瑟·爱丁顿爵士（Sir Arthur Eddington），1928 年

紧密挤压 使氢核发生聚变反应是极其困难的。一般只有在极端条件下，如内部温度和压力都极高的太阳和其他恒星中，才可能会发生核聚变。两个核要融合，必须克服二者之间的核力。原子核包括质子和中子，二者通过强核力结合在一起。强核力在原子核的微观尺度内占主导地位，但在核外就弱得多了。由于质子带正电，同种电荷互相排斥，因此质子之间有微小的斥力。相对而言，强核力很大，因此原子核总是以整体存在。

强核力只在很短的精确范围内有效，因此小核的组合强度比大核要

大事年表

公元 1920 年	1932 年
爱丁顿将聚变思想应用到恒星上	在实验室中验证了氢聚变

大。对重核来说，例如有 238 个核子的铀原子，原子核两端核子相互之间的引力就没有那么强。另一方面，距离较大时，电斥力依然存在；电斥力在整个核上均有分布，原子核越大，电斥力越强。核内大量的正电荷对此亦有贡献。这种平衡的净效果就是使原子核以整体形式存在所需的能量（平均到每个核子上）先是随着原子质量的增加而增加（直到镍元素和铁元素），但随着原子质量的进一步增加又有所下降。大核的聚变相对容易些，因为它们更易被小的撞击扰动。

氢的同位素只有一个质子，发生聚变反应所需克服的能垒最低。氢原子有 3 种类型：氕，含有 1 个质子和 1 个电子的"普通"氢原子；氘，又称重氢，含有 1 个质子，1 个电子和 1 个中子；氚，含有 1 个质子，1 个电子和 2 个中子，它的质量最大。最简单的聚变反应是氘和氚反应得到氦 -4 和一个中子。

聚变反应堆　物理学家尝试在聚变反应堆的极端条件下重复这些反应，用来发电。但离实际应用尚需几十年。即使是目前最先进的聚变机，输入能量也超出输出能量几个数量级。

聚变能是产能量的关键。与裂变技术相比，聚变反应堆相对清洁，如能投入实际运行，将获得较高产能。按爱因斯坦的质能方程 $E=mc^2$，聚变反应只需很少原子就能获得大量能量，且废物极少，不存在裂变反应堆所产生的超重元素。核聚变电厂不产生温室气体，有完备可靠的能源做燃料（氢和氚等均可人工生产）。不过，核聚变也并非完美，在主反应中会产生中子之类的放射性副产物，需要对其进行处理。

1939 年	1946/1954 年	1957 年
汉斯·贝蒂描述了恒星的聚变过程	佛瑞德·霍伊尔（Fred Hoyle）解释了重元素形成的原因	伯比奇夫妇、福勒和霍伊尔发表了著名的关于核合成的论文

冷聚变

1989 年，科学界经历了一场争论。马丁·弗莱希曼（Martin Fleischmann）和斯坦利·庞斯（Stanley Pons）共同声明他们在试管中实现了需要在巨型反应堆中才能实现的核聚变反应。他们将一束电流通过盛有重水（水中的氢原子被氘所替换）的烧杯，认为通过"冷"聚变产生了能量。二人称因为发生了聚变的关系，所以实验所释放出的能量大于输入能量。这一结论立即引起了轰动。大部分科学家认为弗莱希曼和庞斯在能量计算上出了问题，不过至今尚未得到证实。其他实验室的核聚变反应也时有报道，不过也备受争论。2002 年，拉什·塔拉亚克汉（Rudi Taleyarkhan）提出，流体中的气泡受到超声波的快速脉冲（加热）作用时会发光。问题的焦点仍在于聚变反应到底能否在实验室的烧瓶中实现。

在高温下控制灼热气体是主要的困难。因此核聚变虽然可以实现，但每次运行时间却仅有几十秒。为了攻克下一个技术壁垒，目前各国科学家组成的团队正在法国建设更大的聚变反应堆，称为国际热核试验反应堆（ITER），旨在测试核聚变商业化运营的可行性。

星尘 恒星就是天然的核聚变反应堆。德国物理学家汉斯·贝蒂（Hans Bethe）提出了恒星通过氢核（质子）聚变为氦核（两个质子和两个中子）发光的原理。该过程中还有其他粒子（正电子和中微子）的参与，使两个质子经过该过程后变成两个中子。

在恒星内部，重元素通过聚变反应逐渐积累。随着氢、氦以及比铁轻和比铁重的其他元素的不断燃烧，核也越来越大。太阳之类恒星的发光主要依赖于氢聚变为氦的反应。该反应速度极慢，只形成极少量的重元素。而较大的恒星中因为有碳、氮、氧等元素的参与，聚变反应的速度较快，产生重元素的质量更大，速度更快。一旦有氦存在，就可以产生碳（3 个氦 4 原子与不稳定的铍 8 发生聚变）。而碳还能进一步与氦结合成氧、氖和镁。这些转化的速度较慢，转化过程占去了恒星寿命的大部分。产生比铁重的元素的反应稍有不同，它们是按着周期表中核的顺序逐渐生成的。

第一代恒星　有些早期轻元素不是在恒星中形成的，而是在大爆炸火球中形成。宇宙最开始温度很高，连原子都处于不稳定状态。随着温度的下降，氢原子最先发生凝聚，其次是少量的氦、锂和微量的铍。它们是宇宙所有恒星和其他星体的最初组成元素。其他更重元素都是在恒星的内部或周围产生，并通过恒星爆炸（超新星）被抛到各处。但是，目前仍不十分清楚第一代恒星是如何出现的。这些恒星中没有重元素，只有氢原子，无法迅速冷却、坍缩，引发聚变反应。恒星在万有引力作用下的坍缩过程使氢气温度急剧升高，体积迅速膨胀。重元素通过辐射光可将氢气冷却。因此在第一代恒星已存在，并通过超新星爆发将副产物抛到空间之时，恒星的产生就相对容易了。不过，要在短时间内快速形成第一代恒星，目前对理论物理学家仍是一个挑战。

> **我们只是意外感冒了的星体物质，一颗出了差错的星体。**
>
> 艾丁顿爵士，1882—1944 年

核聚变是宇宙的基本能量来源。如果能对其加以利用，能源危机即可迎刃而解。不过，要在地球上利用恒星蕴含的巨大能量，也并非易事。

恒星的能量

36 标准模型

质子、中子和电子只是粒子物理的冰山一角。质子和中子是由更小的夸克组成的，电子伴随着中微子，粒子之间的作用力是通过一整套包括光在内的玻色子介导的。这种"标准模型"将除引力子外的所有粒子统一了起来。

希腊人认为原子是物质的最小组成单元。直到 19 世纪末期人们才发现了比原子更小的粒子。最先被发现的是电子，之后是质子和中子。它们都是原子的组成单元。那么，这三种粒子是物质的终极组成单元吗？

> **"哪怕统一理论只可能有一个，也不过是一组规则和方程罢了。是什么把火吹进了方程里边，造出一个宇宙来，好让人们来描述？"**
>
> 斯蒂芬·霍金，1988 年

当然不是。即便是质子和中子也还是可以继续分下去。它们都是由更小的叫做"夸克"的粒子组成的，并且不止于此。正如光带有电磁力，其他各种粒子也能传输各种基本形式的力。我们已经知道，电子是肉眼看不可见的，与几乎没有质量的中微子成对存在。粒子都有各自的反粒子。这些听起来复杂，可实际上确实如此。不过所有的粒子却都可以在一种框架内理解，这就是粒子物理的标准模型。

探索 20 世纪早期，物理学家们已经知道物质是由质子、中子和电子组成的。玻尔用量子理论，描述了电子在原

大事年表

约公元前 400 年

德谟克利特提出了原子的概念

子核外的壳层上的排布（类似于行星绕太阳的运转）。原子核的性质更加特殊，虽然正电荷相排斥，在狭小的硬核内却能容纳几十个质子以及中子。这些核子被精确的强核力束缚在一起。人们采用放射性手段，对核裂变和核聚变的了解不断深入，又发现了更多需要解释的现象。

首先，在太阳内部，氢燃烧聚变成氦，表明存在着一种叫做中微子的粒子。它能将质子变成中子。1930 年，人们为了解释中子衰变成质子和电子的过程，也就是 β 放射性衰变，推出了中微子的存在。直到 1956 年，人们才观察到它，中微子几乎是没有质量的。关于中微子的零碎资料在 20 世纪 30 年代就有不少，物理学家顺藤摸瓜，于 20 世纪 40 和 50 年代又分别发现了其他粒子，扩大了粒子的范围。

标准模型是在寻找粒子的过程中产生的。它是亚原子粒子的系谱图。基本粒子有有三种类型：由"夸克"组成的"强子"，包含电子在内的"轻子"和传输力的玻色子，如光子。夸克和轻子都有各自的反粒子。

夸克 20 世纪 60 年代，物理学家用电子轰击质子和中子后，发现它们是由更小的粒子组成的，称为"夸克"。夸克有三种"颜色"：红、蓝和绿。电子和质子带有电荷，而夸克带有"颜色荷"，并且从一种形式转化成另一种形式时"荷"保持守恒。颜色荷与可见光的颜色是完全不同的概念，是物理学家为描述夸克的奇特量子属性而随意发明的一种命名法。

夸克

夸克一词源于詹姆斯·乔伊斯的《芬尼根守灵夜》（*Finnegan's Wake*）一书对海鸥叫声的描述。乔伊斯在其中写道了海鸥的"三声夸克"。

公元 1930 年	1956 年	20 世纪 60 年代	1995 年
泡利预测了中微子的存在	人们探测到了中微子	提出了夸克	发现了顶夸克

正像电荷可以产生力一样，颜色荷（夸克）间也存在力的作用。颜色力通过称为"胶子"的力粒子进行传递。夸克之间的距离越远，颜色力就越大，好像被看不见的弹性条联系在一起。弹性力场很强，因此夸克无法单独存在，必须组合在一起，保持颜色荷整体的中性（没有颜色荷）。重子（baryon）有 3 种类型：普通的质子、中子和夸克-反夸克对（称为介子）。

夸克不仅有电荷，而且按其"味道"还可以分为 6 种类型。3 对夸克按质量递增的顺序构成一代。最轻的是"上"夸克和"下"夸克，其次是"奇"夸克和"粲"夸克，最后是质量最大的"顶"和"底"夸克。与质子（+1）或电子（-1）所带的整数电荷不同，夸克带有分数电荷。上夸克、粲夸克和顶夸克所带电荷为 +2/3，下夸克、奇夸克和底夸克所带电荷为 -1/3。要形成质子（两上一下）或中子（两下一上），需要 3 个夸克。

轻子　第二类粒子与电子有关。它包括电子，称为轻子。它们按质量递增的顺序有三代，分别是电子、μ 子和 τ 子。μ 子的质量比电子重 200 倍，τ 子比电子重 3700 倍。轻子带有一个负电荷，并且带有一个不带电的伴生粒子，叫作中微子（电子型中微子、μ 中微子和 τ 型中微子）。中微子几乎没有质量，与任何物体都没有强相互作用，以至于中微子可以很容易地穿过地球而不被人们所发现，因此也难以捕捉。所有的轻子都有反粒子。

相互作用　基本力是通过交换粒子来传递的。既然电磁波可看作光子流，那么弱核力就可以看成是由 W 粒子和 Z 粒子传递的，强子则是由胶子传递的。这些粒子与光子同样是玻色子，可同时以相同的量子态存在。夸克和轻子是费米子，不能以相同量子态存在。

粒子轰击　人们是怎么知道这些亚原子粒子是存在的呢？20 世纪

后半叶，物理学家采用强力将粒子打碎，揭示了原子和粒子的内部结构。打个比方来说，粒子物理就像是要研究精密瑞士表的工作原理，于是，就需要用小锤将表打碎，然后去研究零件，了解表的工作原理。在粒子物理的研究中，人们采用粒子加速器中的巨大磁铁将粒子加速到极高速度，之后用这些粒子束去撞击靶或者与另一束粒子迎面相撞。在中等速度的条件下，小部分粒子会发生分解，并释放出最轻一代的粒子。质量意味着能量，为释放出下一代（较重的）粒子，就需要采用高能粒子束。

在粒子加速器中产生粒子后，就需要知道产生的具体是何种粒子。物理学家通过记录粒子在磁场中的运动轨迹判断粒子的类型。在磁场中，带正电荷的粒子向某一侧偏转，带负电荷的粒子向另一侧偏转。通过计算粒子打到检测器上的速度和粒子在磁场中的弯曲程度就能得出粒子的质量。因此较轻的粒子在磁场中的路径仅是发生弯曲，而较重的粒子则会形成环状螺旋式的路径。将粒子在检测器中的行为与理论比较，粒子物理学家就能确认粒子的类型。

标准模型中不包括万有引力。人们预测"引力子"（携带引力的粒子）可能存在，不过目前也仅是猜测而已。与光不同的是，引力微粒结构的证据目前还没有。已经有物理学家在试着将万有引力纳入到标准模型中，形成大统一理论（GUT）。不过离实现该目标还有相当的距离。

费米子			
夸克	u 上	c 粲	t 顶
	d 下	s 奇	b 底
轻子	e 电子	μ μ子	τ τ子
	v_e 电子中微子	v_μ μ子中微子	v_τ τ子中微子

玻色子	
力传播子	γ 光子
	W W玻色子
	Z Z玻色子
	g 胶子
	希格斯玻色子 ？

粒子大家庭

37 费曼图

费曼图是为了方便计算复杂的粒子物理方程而提出的一种示意图速记法。粒子的相互作用由相交于一点的三个箭头表示，其中两条箭头表示入射粒子和出射粒子的路径，另一条表示力的携带子的路径。将这些箭头相互叠加，就能得出发生相互作用的可能性。

费曼对他的费曼图甚为着迷，把它画到了自己的面包车的车身上。人们问他原因时，得到的回答很简单——"因为我是理查德·费曼"。

理查德·费曼生于加利福尼亚州，是一位魅力超凡的粒子物理学家。不仅如此，他还是出色的演讲家和技术精湛的小手鼓演奏者，并且名气不亚于他的物理学。他发明了一种新的符号语言，采用箭头替代复杂的数学方程，描述粒子的相互作用。该法简单易用，一直沿用至今。该语言有一个入射箭头，一个出射箭头和一个表示相互作用的弯箭头，每条箭头分别代表一个粒子。因此，粒子的相互作用可以用交于一点（顶点）的三条箭头表示。将这些图形叠加，就能处理更复杂的相互作用问题。

费曼图不仅是图形工具，它还可以帮助物理学家了解亚原子粒子相互作用的机制，协助他们计算相互作用发生的概率。

示意图　费曼图采用一系列描述粒子路径的箭头来描述粒子的相互作用。示意图横坐标为时间，入射和出射电子的箭头方向指向右侧。箭

大事年表

公元 1927 年	20 世纪 40 年代
开始量子场理论的研究	提出了量子电动力学

头通常都有一定的倾斜度，表明运动的方向。对于反粒子，它们的运动方向与实际粒子在时间上相反，因此箭头的方向也要反过来，变为从右向左。下面提供几个实例。

图 37-1

图 37-1 表示释放出一个光子的电子。入射电子（左边的箭头）在三条箭头的交点处受到电磁相互作用的影响，产生出射电子（右边的箭头）和光子（波纹线）。图中并未绘出实际粒子，只绘出了相互作用的机制。质子释放光子的情形与此类似。

如图 37-2 所示，入射电子或其他粒子吸收光子后，会产生能量更大的电子。

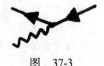

图 37-2

现在如果将箭头反向，那么图 37-1 和图 37-2 中的粒子就应该变为反粒子。上边几幅图所描述的情形在图 37-3 中就变成反电子（即正电子，见左边的箭头）吸收光子的能量变成另一个反电子（右边的箭头）。

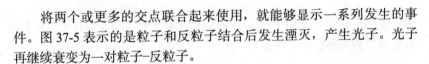

图 37-3

如图 37-4 所示，电子和反电子相互结合，发生湮灭，产生光子。光子只具有能量。

图 37-4

将两个或更多的交点联合起来使用，就能够显示一系列发生的事件。图 37-5 表示的是粒子和反粒子结合后发生湮灭，产生光子。光子再继续衰变为一对粒子-反粒子。

图 37-5

这些交点可用于表示各种不同类型的相互作用，它适用于包括夸克和轻子在内的任何粒子，以及这些粒子之间的电磁相互作用、弱核相互作用和强核相互作用等。它们均遵循如下基本规则：能量必须守恒，进出图中的粒子必须是实际粒子（如质子和中子。自由夸克因无法独立存

理查德·费曼（Richard Feynman）1918—1988 年

理查德·费曼是一位幽默睿智的物理学家。他在普林斯顿的新生入学考试中获得极高分数，受到了爱因斯坦等教员的注意。费曼参加曼哈顿工程时，还只是一名年轻的物理学家，当时他声称自己直接观察到了爆炸的过程（同时不断告诉自己透过宽玻璃屏观察是安全的，能将紫外线阻挡住）。呆在洛斯阿拉莫斯的沙漠的无聊日子里，他就破解档案柜的密码。物理学家常用的自然对数 e=2.71828…之类的密码，都曾被他猜出。事后，他还煞有介事地留下小纸条，害得同事们以为他们当中出了间谍。闲暇时，费曼喜欢击鼓，这为他赢得了行为古怪的名声。战后，他来到了加州理工学院。因为热爱教学，费曼被人称为"伟大的

讲师"。此外，他还编写了多部著作，包括著名的《费曼物理学讲义》。费曼还是挑战者号航天飞机失事事件调查委员会的成员。他本人的个性是坦率直言，无所顾忌。研究工作包括量子色动力学、超流体物理学和弱核力。在职业生涯的后期，他在一次讲演中提出了"底层尚有很多空间"的思想，为量子计算和纳米科学的发展作了铺垫。费曼喜欢冒险，爱好旅行，擅长各种符号文字，甚至还曾尝试破译玛雅象形文字。他的同事，物理学家弗里曼·戴森（Freeman Dyson）曾说费曼是"一半天才，一半小丑"，后来又改成"既是天才，也是小丑"。

在，故不在此列），但中间过程中可包括亚原子粒子和虚拟粒子（只要最后能归结到实际粒子上即可）。

左图为 β 放射性衰变的示意图。左边是一个中子，由 2 个"下"夸克和 1 个"上"夸克组成。在相互作用中，中子变为质子（2 个上夸克和 1 个下夸克），外加 1 个电子和 1 个反中微子。这当中涉及的相互作用有两种。中子的下夸克变为上夸克，并产生 1 个 W 玻色子（如波纹线所示）。W 玻色子是弱核载力粒子。之后，W 玻色子衰变成 1 个电子和 1 个反电子中微子。W 玻色子并未作为相互作用的产物出现，但却包含在中间过程中。

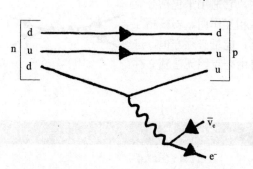

概率 费曼图不仅使相互作用变得形象生动，也使其使用起来很方便。它还能告知相互作用发生的概率。因此，费曼图也是描述复杂方程的有力数学工具。要知道相互作用发生的概率，就得知道有多少种途径。这正是费曼图的来由。只要画出各种形式的相互作用，也就是输入到输出之间的诸多相互作用，就能算出每一事件发生的概率。

量子电动力学 费曼是在20世纪40年代研究量子电动力学（QED）时，提出路径积分思想，并采用费曼图的。路径积分蕴含的思想与费马的光传播原理是类似的：光可以采取所有可能的路径进行传播，但只有在最短路径上传播的概率才最大，此时，大部分光都是同相传播的。将类似的思想应用到量子场上，就有了1927年后出现的量子场理论以及后来的量子电动力学。

QED描述了光子交换介导的电磁场相互作用。因此QED通过描述电磁场和亚原子粒子，与量子力学结合在一起。费曼本人正是在研究各种相互作用的发生概率时提出费曼图的。继QED之后，物理学家们对费曼图进行了拓展，覆盖了夸克的色力场，称为量子色动力学（QCD）理论。在此之后，QED与弱核力相结合，成为统一的"电弱"力。

粒子物理学家约翰·埃利斯（John Ellis）常使用一种类似企鹅的费曼图，他将它们称为企鹅图。说到该图，就得提一下他在酒吧中跟自己的学生打的一个赌了。埃利斯说如果自己的掷标输了，就得在下一篇论文中使用企鹅一词。他认为该图看上去有点像企鹅。此名一直沿用至今。

凝聚思想

三叉线法

38 上帝粒子

物理学家彼得· 希格斯（Peter Higgs）1964年走在苏格兰高地上时，想出了一种解释粒子质量的方法，他将其称为他的"一个大想法"。粒子之所以有质量，似乎是因为在力场中运动时被减速了，该场现称为希格斯场。希格斯场由希格斯玻色子传递。诺贝尔奖获得者里昂· 莱德曼（Leon Lederman）称希格斯玻色子为"上帝粒子"。

物体为什么有质量？卡车质量大，是因为它含有大量的原子，且每个原子的质量都较大。卡车的钢板含有铁原子，而铁位于元素周期表中非常靠下的部位。原子为什么有质量？我们已经知道，原子内部大部分实际上都是空间。为什么质子比电子、中微子和光子都要重呢？

虽然人们早在20世纪60年代就已经知道了有4种基本作用力（相互作用），但这4种力的力传播粒子却截然不同。光子带有电磁相互作用的信息，胶子通过强核力将夸克联系在一起，而W玻色子和Z玻色子携带弱核力。但为什么光子没有质量，W玻色子和Z玻色子却有质量呢（质子质量的1/100）？为什么存在这种差别？如果考虑到电磁理论和弱核力可以相互统一成电弱力，那这种差距就显得尤其大。但该理论却并不能预测弱核力粒子——W玻色子和Z玻色子为什么有质量。它们好像应该和光子一样，没有质量。大统一理论在统一基本作用力时也有这个问题。载力粒子按理说也不应该有质量。为什么它们不像光子一样没有质量呢？

大事年表

公元 1687 年

牛顿在《自然哲学的数学原理》中给出了质量方程

缓慢运动 希格斯认为，载力粒子在经过背景力场时速度减慢了。该场现称为希格斯场，通过希格斯玻色子的传输发挥作用。设想将一个小球扔到玻璃杯中，如果杯子不是空的，里面装满了水，那么小球落到杯底就需要较长的时间。小球在水中的质量好像变大了——因为重力需要更长的时间才能使其沉到水底。在水中行走时的道理是一样的：速度比较慢，腿会感到比较重。如果将小球扔到一杯果汁中，下沉的速度就更慢了。希格斯场的作用方式与黏稠的液体类似，它可以降低其他载力粒子的速度，它们的加速变得不那么容易，惯性变大，实际上也就是赋予它们质量。希格斯场对 W 玻色子和 Z 玻色子的作用比光子更加强烈，使前两者的质量更大。

希格斯场非常类似于电子经过带正电原子核晶格（如金属）时的情形。电子受到正电荷的吸引，速度会有点减慢。有正离子时，电子的质量好像变大了。此时发挥作用的是光子传递的电磁力。希格斯场的原理类似，只是载力粒子是希格斯玻色子。读者也可以想象，某位影星参加鸡尾酒会，周围全是希格斯玻色子时的情形。他经过房间时会感到很困难，因为房间里的社交互动减慢了他的速度。

如果是希格斯场让其他力的中介玻色子有了质量，那希格斯玻色子的质量又是多少呢？希格斯玻色子的质量从何而来呢？这是不是又是一个"鸡生蛋还是蛋生鸡的问题"呢？遗憾的是，理论无法预测出玻色子的质量，只能预测在粒子物理的标准模型内，希格斯玻色子必然有质量。因此，物理学家们期望能在实验室里观察到这一点，不过却并不清楚难度有多大，什么时候能观察到（目前还没有观察到）。现在，从人

> **"很明显，所要做的就是试着用最简单的规范理论，亦即电动力学，打破对称性，看看到底发生了什么。"**
>
> 彼得·希格斯，生于 1929 年

1964 年

希格斯研究粒子具有质量的原因

2007 年

在 CERN 建成了大型强子对撞机

磁铁中对称性的破坏

高温条件下，磁铁中的原子会变得杂乱无序，固有磁场变为随机排列，使材料失去磁性。当温度降低到某个温度（称为居里温度）以下时，磁偶极又会再次排列整齐，产生宏观磁场。

们对与希格斯粒子特点相同的粒子的搜寻结果来看，我们知道希格斯粒子的质量一定比已有实验得到的要大。希格斯玻色子质量应该较大，不过要知道它的准确质量还需要一些时间。

确凿证据　位于瑞士的 CERN（欧洲核子研究中心）中的大型强子对撞机（LHC）将对希格斯粒子进行深入研究。CERN 位于日内瓦附近，是一座大型粒子物理实验室。它拥有最大周长为 27 千米的环形隧道。该隧道位于地下 100 米处。LHC 中的巨型磁铁对质子进行加速，使质子沿着轨道发生弯曲。粒子在运动过程中不断加速，速度越来越快。两束方向相反的粒子分别被加速，且速度达到最大值后，使二者相互撞击，这样两束质子束中的质子就会迎面相撞。这些巨大的粒子如果寿命很短，那么随着它们的衰变，产生的巨大能量会暂时释放出大量能够被探测器探测到的巨大粒子。LHC 的目标是寻找数十亿粒子中的希格斯粒子。物理学家已经知道了要寻找的粒子，但现在要捕捉到它还很困难。如果能量足够高，希格斯粒子可能会存在几分之一秒，然后再衰变成其他粒子。因此，物理学家们不再直接寻找希格斯粒子本身，转而去寻找能证明它存在的间接证据，然后再将所有粒子组合起来，推断希格斯粒子存在与否。

对称性的破坏　希格斯粒子什么时候才能出现？由此出发，如何解释光子和其他玻色子？由于希格斯玻色子的质量一定很大，因此只可能在极端能量条件下出现。而且，根据海森堡不确定性原理（见第106页），该粒子在极端能量下出现的时间很短。理论假定，在早期宇宙中各种形式的力都是以同一种力的形式存在的。随着宇宙温度的下降，经过某种叫作对称破缺的过程，4种基本力才逐渐分离出来。

对称性破坏听上去难以想象，实际却很简单。它标志着系统的对称性被某一事件消除了。设想有一张圆形餐桌，上面已经放好了餐巾和餐具。不管你坐在什么位置，桌子看上去都是一样的，我们说此时桌子是对称的。如果有人把餐巾拿了起来，那么对称性就消失了（其他人可以说出自己相对于此人的位置），于是发生了对称性的破坏。仅这一个拿起餐巾的事件就会产生一系列连锁反应——其他人拿起的自己面前的餐巾都是左侧的（相对于上述事件来说）。如果从另一侧拿起餐巾，情况就正好相反。这说明，随后的模式是由触发它的随机事件建立的。与此类似，宇宙温度下降时，力的依次分离也是因为事件造成的。

即便科学家无法用LHC探测到希格斯粒子，结果也是很有趣的。中微子与顶夸克的质量相差14个数量级，需要用标准模型给出解释。这即便用希格斯玻色子也难以做到，何况现在还没发现这种粒子。如果能发现上帝粒子，那么所有一切就都能解释；如果观测不到，就需要修正标准模型，建立新的物理学理论。我们自认为已经了解了宇宙中所有的粒子——只有希格斯粒子是个例外。

逆流而上

39 弦论

大多数物理学家都喜欢使用已有的成功标准模型处理问题，哪怕这模型还并不完整。另外一些物理学家则在确定标准模型的对错之前，就开始寻找新的物理学理论。一些物理学家试着将基本粒子视作弦上的波，而非点粒子，对基本粒子类型加以解释，为波粒二象性增添了些许现代色彩。该思想考虑了介质的作用，被称为弦论。

弦论学家对基本粒子（如夸克、电子和质子）是不可见的物质或能量的说法并不满意。粒子所具有的特定质量、电荷和能量表明某种层次组织结构的存在。科学家认为这些模式表明了深层上的统一，而每个质量子或能量子都是微小弦上振动的谐音。基本粒子不能再被视为无结构的点状物体，而应被视为振动的弦或环。从某种程度上说，这继承和发展了开普勒对于理想几何球体的钟爱。所有粒子都不过是一种振动模式，体现出单根弦上的调和音阶。

振动 弦论中所说的弦不是一般意义上吉他的弦。吉他的弦在三维空间中振动，而如果将振动想象为是被限制在长度所在的平面内的，那么也可近似认为弦在二维空间中振动。但亚原子弦的振动是一维的，

大事年表

也不像零维的粒子。对于我们来说，弦是不可见的，为进行数学计算，科学家们计算了多维情况下（高达 10 或 11 维）弦的振动。我们所在的世界拥有 3 个空间维度和 1 个时间维度。弦论学家认为有些维度人看不见，它们会卷曲，不为人所注意。粒子弦就是在所有这些维度中振动的。

弦可以是两端断开的一段弦，也可以是闭合的弦，这无关大碍。基本粒子之所以不同，是因为弦的振动形式（谐波）不同，而非弦的材料不同。

离奇思想 弦论完全是数学思想。从来没人看到过弦，也无人知道弦是否存在。因此，也就没人能设计出实验来验证弦论的真伪。有人说，有多少个弦论学家，就有多少种弦论。在科学家中，弦论处于尴尬的境地。

哲学家卡尔·波普尔（Karl Popper）认为科学的进步源于证伪。有了想法，就通过实验去检验其真伪。去伪存真一番，就能学到新的知识，使科学进步。如果观察结果与模型相符，就等于没学到新知识。因为弦论尚未发展成熟，所以没有明确的、可被证伪的假设。有些科学家认为，弦论的形式太多，不是真正的科学。这类争论充斥着杂志，甚至还有报纸的来信页。不过，弦论专家认为他们的探索是值得的。

> **在如此多的维度下，弦就能以多种方式在不同方向上振动。这正是弦论可描述我们看到的所有粒子的关键。**
>
> 爱德华·威滕（Edward Witten），生于 1951 年

20 世纪 70 年代中期	1984~1986 年	20 世纪 90 年代
提出量子引力理论	弦论"解释了"所有粒子	威滕和其他人提出了 11 维的 M 理论

M 理论

　　弦实际上就是线。但在多维空间中，弦是几何学的极限条件。几何体还包括面和其他多维形状。描述所有这些几何对象的这一普遍理论称为 M 理论。"M" 本身不代表任何意思，可以是隔膜（membrane），也可以是谜（mystery）。粒子在空间运动时会绘出一条曲线，将粒子浸入到墨水中，移动时也能绘出一条线，称为该粒子的世界线。弦（比如环套）可绘出圆柱体的形状，这时我们就说弦具有世界面。这些面如果相交，就会在弦断裂和重组的地方出现相互作用。因此，M 理论实际上研究的是所有这些几何体在 11 维空间中的形状。

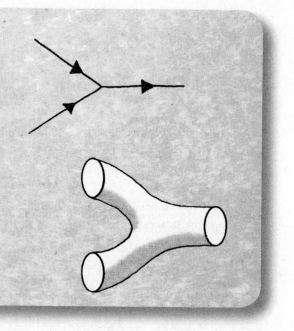

　　万有理论　弦论能在一个框架下对各种粒子及其相互作用作出解释，所以是一种 "万有理论"。该理论将所有 4 种基本作用力（电磁力、万有引力、强核力和弱核力）统一了起来，并解释了粒子的结构及其所有特性。万有理论是万物的深层基础。20 世纪 40 年代，爱因斯坦曾尝试统一量子论和万有引力，一直没有成功，在他之后也没人成功过。在别人认为不可能成功的事情上浪费时间，爱因斯坦遭到了嘲笑。弦论作为一种万有理论，其巨大潜力或许是人们热衷的原因。但目前离准确提出原理还有很长的路要走，对它的验证就更不必提了。

　　弦论的新奇之处在于它的数学之美。20 世纪 20 年代，西奥多·卡鲁扎（Theodor Kaluza）采用卷曲的高维空间作为另一种描述粒子异常特性的方式。物理学家发现，相同的数学公式也可以描述相同的量子现象。从本质上说，波动数学既可应用于量子力学，也可应用于由它延伸出的粒子物理领域。万有理论有多种形式，不过距普适理论尚有距离。

万有理论是某些物理学家的目标。这类物理学家一般都是还原论者，认为只要理解了世界的基本组成部分，就能理解整个世界；只要理解了（弦振动产生的）原子，就能理解所有化学和生物学现象。其他科学家认为这样的态度是很荒谬的。难道仅仅理解了原子的知识，就能让你理解社会理论、进化和税收吗？不是什么都能这样简单换算的。这些科学家认为这样的理论将世界描述成了亚原子相互作用产生的无意义的杂声，属于虚无主义，是错误的。还原论者的观点忽略了显著的宏观行为，如各种形式的飓风和混沌现象。物理学家史蒂文·温伯格（Steven Weinberg）认为这种观点"不人性化，令人不寒而栗"。应该承认，我们对宏观行为的认可并非出于个人喜好，而是因为世界确实是这样的。

弦论目前还处于发展变化之中，没有形成最终的理论。弦论被物理学家搞得很复杂，需包含的内容甚多，因此最终理论出现尚需时日。将宇宙视为振动的弦有其吸引人的地方，但这种理论的赞成者有时也会走极端，他们过于关注细枝末节，忽视了宏观模式的重要性。目前，弦论学家对弦论持观望态度，希望将来有更令人信服的理论出现。然而，科学的真谛也正在于此。我们欣喜地看到，人们正孜孜以求地进行着这方面的研究，颇有出奇制胜之意。

> **我不喜欢这种并不面面俱到的计算方法，不喜欢他们对自己的思想都不加验证的态度，不喜欢这种一旦与实验不符，就另寻解释的思路——找到后就会说：'你看，还是对的嘛。'**
>
> 理查德·费曼，1918—1988 年

宇宙谐音

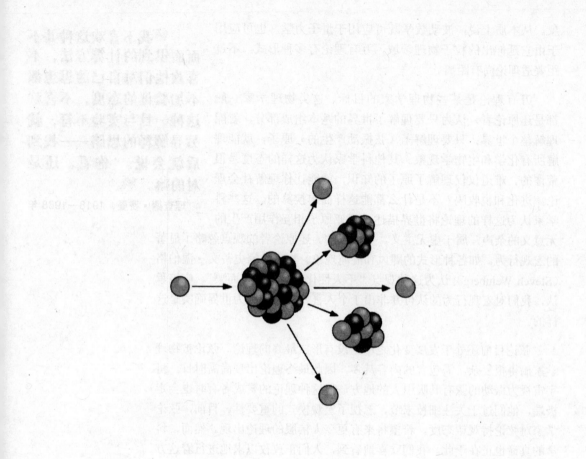

第五部分

时 空 宇 宙

40 狭义相对论

牛顿运动定律描述了从板球、汽车到彗星等物体的运动。但爱因斯坦在1905年提出，物体在高速运动时会产生奇怪的现象。物体在接近光速运动时，质量会变大，长度会收缩，衰老速度会变慢。由于任何物体的速度都不能超过光速，因此在接近这个宇宙中的速度极限时，时间和空间本身会发生改变。

声波可通过空气传播，但却无法在没有任何原子的真空中传播。"在外太空，没有人能听得到你的尖叫"正是道出了这个物理学原理。（编者注：引号中的话原文为"In space, no one can hear you scream"，是美国经典科幻电影《异形》（*Alien*）中的经典台词。在美国，这句话几乎人人耳熟能详。）我们知道，光可以在真空中传播，因为我们可以看见太阳和其他恒星。那么，宇宙中是不是存在着一种特殊介质，比方说一种"电气"，使电磁波可通过它而传播呢？19世纪末期的物理学家们也是这么认为的，他们深信宇宙中充满着某种气体或者"以太"。

> **"最不能理解的事情，就是世界是完全可以理解的。"**
> 阿尔伯特·爱因斯坦，1879—1955年

光速 1887年，人们用一个著名实验证明了以太是不存在的。地球围绕太阳公转，因此它在空间中的位置不断变化。阿尔伯特·迈克尔逊（Albert Michelson）与爱德华·莫雷（Edward Morley）根据以太固定不动这一条件，设计了一个巧妙的实验，可以探测出地球相对以太的运动。他们比较两束不同路径上传播的

大事年表

公元 1881 年	1905 年
迈克尔逊和莫雷无法证实以太的存在	爱因斯坦发表了狭义相对论

双生子佯谬

考虑将时间膨胀应用在人身上（这当然并非不可能）。如果将双胞胎中的一个（A）通过速度足够快的宇宙飞船送到太空，并在太空中逗留足够长的时间，那么他衰老的速度就比地球上另一个双胞胎（B）要慢得多了。A回来时，会发现B已经垂垂老矣，而自己依旧青春焕发。这虽然看上去不可能，但A在太空遨游时受到强力的影响，的确导致上述变化的发生。因此，双生子佯谬实际上并不是佯谬。因为时间上的移位，在某个参考系中同时发生的事件，在另一个参考系中就不是同时的了，就像时间减慢，长度会收缩一样。以光速运动的物体或人不会注意到这两种效应，只有其他观察者才能观察到。

光线，二者互成直角，都是从同样遥远的镜子反射回来的。我们知道，游泳者从岸边游到对岸，再游回来所需的时间，比前半程顺流后半程逆流游过同样的距离所需的时间要短。他们认为光的传播也类似，水流就好比地球在以太中的运动。但实验表明，两束光传播所用的时间却没有什么不同，它们同时回到了起点。不管光的传播方向如何，地球的运动方向如何，光速均保持不变，不受运动的影响。该实验证明了以太是不存在的——不过，这是用爱因斯坦的理论来解释的。

与马赫原理类似（见第2页），上述实验结果意味着物体运动时不存在固定的背景网格。与水波和声波不同的是，光波总以相同的速度传播。这比较特殊，与速度可以叠加的一般经验截然不同。如果你驾驶的汽车速度为50千米每小时，另一个人驾车的速度为65千米每小时，那么就好像你静止不动，而另一人以15千米每小时的速度行驶。不过，哪怕你的速度达到了几百千米每小时，光速也不会有任何变化。不管是坐在喷气式飞机上，还是自行车座上，手中所持火炬所发出的光的速度

1971 年

通过飞机上的钟表证实了时间膨胀

都严格等于 3×10^8 米每秒。

> **"引入光–以太的概念其实是多余的。因为绝对静止的空间不会具有特殊的属性，而且速度矢量也不会与发生电磁过程的真空中的某点产生联系。"**
>
> 阿尔伯特·爱因斯坦，1905 年

光速不变一直困扰着爱因斯坦，最终使他于 1905 年提出了狭义相对论。那时的爱因斯坦还只是瑞士专利局的一个不起眼的职员，相对论方程完全是他利用闲暇时间自己研究出来的。狭义相对论是自牛顿以来物理学界最大的突破，也是物理学的革命。爱因斯坦假定，不论观察者的速度如何，光速都是定值。由此，他提出，如果光速不变，其他量必须发生变化以进行补偿。

空间和时间 在爱德华·洛伦兹（Edward Lorenz）、乔治·菲茨杰拉德（George Fitzgerald）和亨利·庞加莱（Henri Poincare）等人研究成果的基础上，爱因斯坦指出，为适应速度接近于光速的不同观察者的视角，时间和空间必须要发生扭曲。空间是三维的，时间是一维的，二者一起构成四维空间。速度等于距离除以时间，为使任何物体的速度都不超过光速，距离就要收缩，时间就要减慢。接近于光速发射的火箭看上去变短了，而时间则变慢了。

10% 光速

86.5% 光速

爱因斯坦给出了适用于不同速度观察者的运动定律。他排除了以太等固定参考系的存在，认为所有运动都是相对的。坐在火车上的人看到另一辆火车移动，是无法确认究竟是哪一辆在动的。而且，即便看到自己所乘坐的火车在站台上保持静止，也不能说火车是不动的，而只能说火车相对站台是静止的。我们都感觉不到地球围绕太阳的公转，同样，也感觉不到太阳系在银河系里的运动，或者银河受室女星座星系簇吸引而发生的运动。我们所能感觉到的只是自己和站台，或者地球相对其他恒星的旋转之类的相对运动。

爱因斯坦将这些不同的视角称为惯性系。惯性系是以恒定速度发生相对运动的空间，没有加速度，不受外力作用。速度为 50 千米每小时的汽车就是一个惯性系。同样，速度为 100 千米每小时的火车或者 500

千米每小时的喷气式飞机也都是惯性系。爱因斯坦指出，物理定律在所有惯性系中都是成立的。无论是在汽车、火车还是飞机上，将笔从空中扔下，它都会以相同的方式落地。

更慢更重 接下来考虑在接近物质所能达到的最快速度——光速时的相对运动。爱因斯坦预测此时时间会变慢。时间膨胀说明了这样一个事实：钟表在速度不同的参考系中的运动速度是不同的。1971 年，人们用实验证明了这一点。在飞机上放置四个完全相同的原子钟。两架飞机向东飞，另两架向西飞。将飞机上原子钟的时间与地面上的美国钟表时间相比较，人们发现空中的钟表时间比地面上的慢了不到 1 秒。这与爱因斯坦的相对论是一致的。

物体无法达到光速的另一个原因是，接近光速时物体质量会变大（$E=mc^2$）。物体达到光速时，质量会变为无穷大，此时要加速是不可能的。任何物体，只要有质量，就无法达到光速，只能接近光速，而且越接近光速，质量就越大，加速就越困难。光子没有质量，所以光不受影响。

爱因斯坦的狭义相对论与以前的物理学理论有本质的不同，它提出的质能等价原理以及时间膨胀和质量的含义给人以强烈震撼。爱因斯坦在发表狭义相对论时还只是一个无名小辈。普朗克在读到他的论文后，对文中的观点表示认同。或许正因如此，狭义相对论才没有被冷落，并为人们所接受。爱因斯坦方程中的美被普朗克看在心里。他最终能一举成名，誉满五洲，与普朗克的赏识和帮助是分不开的。

> **"任何速度都不能超过光速。这也正是我们所希望的，不然，帽子早被吹飞了。"**
>
> 伍迪·艾伦（Woody Allen），
> 1935 年

运动是相对的

41 广义相对论

　　爱因斯坦的广义相对论将万有引力统一到了狭义相对论中，对人们的时空观产生了革命性的影响。它跳出了牛顿定律的范围，向人们展示了具有黑洞、虫洞和引力透镜的宇宙。

　　人从高高的建筑物上跳下，或者从飞机上乘降落伞跳下，会因为受到万有引力的作用加速向地面坠落。爱因斯坦发现，自由落体时人相当于不受万有引力的作用，也就是说此时人是没有重量的。宇航员在训练时也是通过类似的办法获得无重力的条件的。喷气式客机（人们戏称为"呕吐彗星"）在飞行时采取与过山车类似的姿态和路径。飞机向上飞行时，乘客会靠到椅背上，所感受到的重力会增大；而当飞机向前下方俯冲时，乘客就不再受重力的作用，甚至可以浮在飞机中。

　　加速　爱因斯坦认为加速度与重力是等价的。狭义相对论所描述的是以恒定相对速度运动的参考系（惯性系）中的运动，而重力则是参考系加速的结果。爱因斯坦称这个发现是他一生中最幸福的想法。

　　随后的几年里，爱因斯坦对此进行了进一步的研究。他与自己信任的同事讨论此问题，并采用最新的数学形式对其进行表述，将所有这些形成统一的理论，称为广义相对论。1915 年他发表了这项工作。之

大事年表

公元 1687 年	1915 年
牛顿提出万有引力定律	爱因斯坦发表了广义相对论

"时间、空间和引力同存在于物质中，三者互不可分。"

阿尔伯特·爱因斯坦，1915 年

后又忙着对其进行了数次修正。同事们对他的工作进展大为吃惊。该理论还预测出了一些奇怪而可测的结果。例如光在经过引力场时会发生弯曲，以及因为受到太阳引力的作用，水星在椭圆形轨道上的旋转速度变慢等。

时空 在广义相对论中，空间的三个维度和时间的一个维度组合成四维时空网格（度规）。此时，光速仍然不变，是所有速度的极限。运动或加速时，为保持光速固定不变，时空度量会发生弯曲。

广义相对论最形象的比喻是把时空想象成平铺在桌面上的一张胶皮，且桌面上有一个洞。把一些具有一定质量的球之类的物体放在胶皮上，这些球会压低其周围的"时空"。拿一个球来代表地球，该球就会压低附近的胶皮，导致胶皮下凹。再拿一个小些的球，代表一个小行星，则小球就会沿着大球压低胶皮所形成的斜面滚下。我们说小球受到了引力的作用。如果小球的速度足够快，而凹面又足够陡，则小球就会像月球一样绕着圆形轨道运动，类似于自行车手在倾斜的轨道上骑行。读者可以将整个宇宙想象成一张巨大的胶皮。宇宙中的所有行星、恒星和星系都会对胶皮产生压力，吸引附近经过的小天体，或者改变其运动方向，

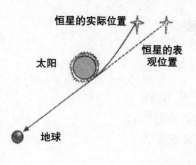

恒星的实际位置

恒星的表观位置

太阳

地球

使这些小天体就像在高尔夫球场上滚动的球一样。

爱因斯坦认为，时空的弯曲导致光线经过太阳之类的大型天体时会发生弯曲。他预测，既然光线经过太阳时会发生弯曲，那么位于太阳正后方的恒星的位置将发生一定的偏移。1919 年 5 月 29 日，全球的天文学家通过观察日全食验证了爱因斯坦的预测。对爱因斯坦来说，这是一个伟大的时刻。该理论曾一度被一部分人认为是疯狂的，而事实证明了它是正确的。

弯曲和洞 光线的弯曲现象已为穿越宇宙的光所证实。遥远星系发出的光在经过大型天体时（如星系的巨集或大星系），会发生明显的弯曲。光的背景点会变模糊，最后成为一段圆弧。该效应与透镜产生的效果类似，被称为引力透镜效应。如果背景星系恰好位于大型天体的正后方，那么它所发出的光就会成为一个完整的环，称为爱因斯坦环。人们已经用哈勃太空望远镜拍摄了许多漂亮的爱因斯坦环照片。

爱因斯坦的广义相对论目前已被应用于整个宇宙的建模。我们可将时空想象成一幅风景画，其中有高山、低谷和洞穴。广义相对论与目前

重力波

广义相对论的另一点是说时空面上可以产生波。引力波可以辐射，而黑洞和脉冲星之类的高密度旋转致密星的辐射尤其大。天文学家们已经发现了脉冲星的自转减慢现象，认为损失的能量转化成了引力波，不过人们目前尚未探测到引力波。物理学家已经在地球和太空中安装了巨型探测器，通过超长激光束的振动对通过的波及进行定位。如能探测到引力波，将为爱因斯坦的广义相对论提供又一有力证据。

> **"我们应该假定引力场与相应参考系的加速度在物理上完全等价。这个假设可以将相对论原理拓展到参考系匀加速运动的情形。"**

阿尔伯特·爱因斯坦，1907 年

为止的观测结果一致。观测最多的是重力极强的区域，也可能是极弱。

黑洞（见第 174 页）是时空面中"极深的洞"，其深度和倾斜度足以使任何靠它够近的物体落入，连光都不例外。黑洞代表时空中的"洞"，也称"奇点"。时空也可能弯曲成虫洞。但人们目前还没有观察到虫洞。

在维度的另一端，万有引力很弱，最终可能会破碎成微小的量子，类似于光的光子。不过目前尚未有人观察到引力的量子结构。人们已经提出了万有引力的量子理论，可目前还缺乏证据的支持。这样一来，量子理论和万有引力的统一变得令人难以捉摸。爱因斯坦后半生致力于此方面的研究，但终未能如愿，仍有待后人继续研究。

时空是弯曲的

42 黑洞

掉到黑洞里边可不是什么好事。落入后,人的四肢就会被撕成碎片,并且对于外部的观察者来说,时间在落入的那一刻仿佛就停止了。黑洞最初被想象成冻星,其逃逸速度超过了光速。不过现在,人们认为黑洞是爱因斯坦时空中的洞或奇点。黑洞不是想象出来的,确实有巨型黑洞聚集在星系的中心(包括银河系),而较小的黑洞则会像死亡恒星一样不时地侵扰太空。

> **"上帝不光玩骰子,而且还经常把它们扔到看不见的地方。"**
>
> 斯蒂芬·霍金,1977 年

将小球抛入空中,小球会在上升到一定高度后落下。抛出的速度越快,小球上升得就越高。如果抛出的速度足够快,小球甚至可以脱离地球引力飞入太空,此时所需的速度称为"逃逸速度",其大小为 11 千米每秒(或大约 25 000 英里每小时)。火箭如果要离开地球就需要达到这个速度。如果是在较小的月球上,逃逸速度就比较小,只有 2.4 千米每秒。行星的质量越大,所需的逃逸速度越大。如果行星的质量足够大,那么逃逸速度可能需要达到或超过光速,也就是说,此时连光都不能逃过其引力的作用。对于那些质量和密度大到连光都无法逃脱的天体,我们就将其称为黑洞。

黑洞表面 黑洞的思想是在 18 世纪由地质学家约翰·米切尔(John Michell)和数学家皮埃尔-西蒙·拉普拉斯(Pierre-Simon

大事年表

公元 1784 年	20 世纪 30 年代
米切尔推断出"暗星"是可能存在的	预测了冻星的存在

Laplace）提出的。后来，在爱因斯坦提出相对论后，卡尔·史瓦兹旭尔得（Karl Schwarzschild）计算出了黑洞的形状。根据爱因斯坦的广义相对论，时间和空间被相互联系在一起，形成一张巨大的"胶皮"。物体的质量所产生的万有引力使胶皮发生弯曲。质量越大的行星在时空中陷得越深，且万有引力越大，经过其凹处附近的天体所受的力也越大，从而使天体的运动路径发生弯曲，甚至会被其捕获。

什么是黑洞？黑洞是一个很深很陡的坑。任何物体，只要离黑洞足够近，就会落入其中，无法逃离。它是时空面上的一个洞，类似于篮球网，球一旦掉进去，就出不来了。

物体经过黑洞，但离黑洞的距离比较远时，它的运动路径会弯向黑洞，而不一定会掉进去；如果物体离黑洞的距离很近，那么就会被卷进去，即便是光子也不能例外。这两种情形的分界线，也就是临界线，称为"黑洞视界"。在黑洞视界以内的任何物体都会落入黑洞中，包括光。

落入黑洞的物体会被"拉成意大利面条"。黑洞的内壁非常陡，内部重力的梯度很大。只要掉进去一只脚（希望这事可别摊到谁身上），脚上就会受到很大的拉力，那种被强烈拉扯的滋味跟旧时的拉肢刑具上的犯人没什么两样。就像是进入了一台纺织装置，再想出来可就难了。您不妨想想怎么把和意大利面搅在一起的口香糖弄出来。可真不是好受的啊。要是有人真不小心掉了进去，那怎么办呢？有些物理学家对此颇为担心。有一个容易想到的、能保护自己的办法就是带上铅制的救生圈

1965 年	1967 年	20 世纪 70 年代
发现了类星体	惠勒将冻星重新命名为黑洞	霍金提出黑洞会蒸发掉

蒸发

黑洞最终会蒸发掉？听上去还真有点奇怪。20世纪70年代，斯蒂芬·霍金指出黑洞并非漆黑一团。根据量子效应，黑洞可向外辐射粒子。因此，黑洞的质量会逐渐减小，发生收缩，直至消失。黑洞的能量则不断转化成粒子对和相应的反粒子。这个过程如果发生在黑洞表面，粒子对中的某个粒子就可能逃逸。尽管仍会有一个粒子落入黑洞，但从外部来看黑洞好像是在发射粒子，这被称为霍金辐射。黑洞因为不断辐射能量，因而会逐渐消失。不过该现象目前尚停留在理论阶段，黑洞里到底发生了什么也没人知道。不过可以确认的是，黑洞的存在相对比较普遍，说明黑洞的蒸发是一个漫长的过程。

了。要是救生圈的质量和密度够大，就能抵抗重力梯度，保人性命。

冻星 "黑洞"是1967年由约翰·惠勒（John Wheeler）命名的，目的是使冻星更易记。冻星是在20世纪30年代根据爱因斯坦和史瓦兹旭尔得的理论预测的。物质在黑洞表面附近具有特殊的时空行为，因此落入黑洞的发光物质的速度看起来在减慢，减慢的原因是光波到达（远处的）观察者需要的时间更长。在外部观察者看来，发光物质通过黑洞表面后，时间就停止了。所以物质通过黑洞表面后在时间上也就停止了。由此，人们预测出冻星的存在。"冻"字是指物质通过黑洞表面进入内部之后，时间被"冻结"了。天体物理学家苏布拉马尼扬·钱德拉塞卡（Subrahmanyan Chandrasekhar）预测，恒星质量只要大于太阳质量的1.4倍，最终就会坍缩成黑洞。实际上现已知道，因为泡利不相容原理，白矮星和中子星可通过量子压力支撑自身的结构，因此，要形成黑洞，恒星质量要大于太阳质量的3倍。直到20世纪60年代，人们才发现了冻星（黑洞）存在的证据。

要是黑洞能吸入光线，那如何知道黑洞是存在的呢？有两种方法。一种方法是考虑黑洞对附近其他物体的吸引。另一种方法是考虑气体一旦接近黑洞，温度会升高，气体会发光，然后消失。我们用第一种方法确认了银河系中心存在着的一个黑洞。经过该黑洞附近的恒星会加速，并被抛到更长的轨道上。银河系黑洞的质量约相当于一百万个太阳的大小，而其半径则仅有一千万千米（30 光秒）左右。位于星系中的黑洞称为超大质量黑洞，目前还不清楚其成因，不过黑洞似乎会影响星系的演变。黑洞在创世之初可能就已存在，也可能是由上百万颗恒星坍缩成一点演变而来。

另一种方法是观察热气落入黑洞中所发射的光。类星体是宇宙中最亮的天体，它的发光是遥远星系中心的超重黑洞吸入了气体所致。质量仅有几个太阳大小的小黑洞也可通过落入黑洞的气体发出的 X 射线被确认。

虫洞　时空面上的黑洞位于何处？黑洞的底部可能是一个很尖的点，也可能是一个穿破时空面的洞。理论物理学家提出了一个问题：两个黑洞如果连接起来，会有什么现象出现？读者可以把相邻的两个黑洞想象成从时空面上垂下的长管。两条长管连成一体后，在黑洞的出口之间就会形成管或虫洞。在铅救生圈的保护下，就可以跳进一个黑洞中，再从另一个黑洞中跳出来，许多科幻作品都采用了这样的跨时空传输场景。经过虫洞还可能进入某个完全不同的宇宙中。宇宙穿梭，无限可能，但别忘了带上救生圈。

> **自然界中的黑洞是宇宙中最完美的宏观天体，因为它唯一的组成元素是我们的时空概念。**
>
> 苏布拉马尼扬·钱德拉塞卡，1983 年

光也有跑不掉的时候

43 奥伯斯佯谬

为什么晚上天空是黑的？如果宇宙漫无边界，并且可以一直存在下去，那么夜空应该是跟太阳一样明亮的。然而事实却并非如此。仰望夜空，看见的是宇宙的整个发展历史。我们知道，恒星的数量是有限的，也就是说，宇宙的大小和年龄也是有限的。奥伯斯佯谬为现代宇宙学和大爆炸模型铺平了道路。

读者可能会认为，了解整个宇宙和它的历史是一件难事，需要昂贵的太空卫星和巨大的望远镜，必须得到遥远的山巅之上，而且还要有爱因斯坦那样的大脑。其实，您完全可以选择一个晴朗的夜晚，去作出自己的观察，并且你所作的观察在重要性上丝毫不亚于广义相对论。夜空是黑的，虽然人们对此早已司空见惯，但是黑暗的夜空却告诉了人们宇宙的许多奥秘。

星星闪，星星亮 如果宇宙是无限大的，在各个方向上都无限延伸，那么在所有可能的观察方向上都会观察到一颗恒星。从每一个方向上看去，都能看到恒星表面的情况。离开地球进入太空，就会发现太空中的恒星越来越多。就好像在森林里看树木一样，在近处还能分辨开不同的树干。而且，近处的树木也显得大些，要是把视线逐渐拉长，距离更远的话，则视线里就满是树木了。所以，如果森林确实很大的话，就无法看见森林以外的景色了。宇宙如果无穷大，所产生的情形就与上述

大事年表

公元 1610 年

开普勒注意到夜空是黑的

情况完全类似了。即便恒星的间距远远大于树木的间距，最终这些恒星也能轻易地阻挡住人们的视线。

如果所有恒星都像太阳一样能发光，则天空中的所有点都将布满星光。即便那颗恒星的距离比较远，光线比较暗淡，同等距离下的恒星也有很多。将这些恒星所发出的光加起来，产生的亮度也不亚于太阳。由此说来，整个夜空应该是与太阳一样明亮的。

事实显然并非如此。17 世纪，开普勒首先注意到了这个问题。但直到 1823 年，德国天文学家海因里希·奥伯斯（Heinrich Olbers）才正式提出奥伯斯佯谬。对这一问题的解释有着深远的意义。目前的解释已有几种，每种解释都包含了某些已为人们所了解、并为现代天文学家所

黑暗的夜空

　　因为城市在晚上发出的光，现在已经越来越难以看到黑暗夜空的美丽了。在过去，人们在晴朗的夜空抬头仰望，就可以看到天空中明亮的星座。人们将其称为银河。现在已经知道，我们所观察到的其实只是银河系的中心平面。就算是在大城市，50 年以前我们还能看到天空中最亮的行星和银河的轨迹；可如今在城镇甚至是在乡村，天空都蒙上了一层黄雾，什么行星也看不见了。这种激发人们世世代代产生灵感的夜景正在变得模糊。而街头的钠灯正是罪魁祸首，尤其是向上或向下直射，造成浪费的灯光。世界上的一些组织，如国际暗天协会（International Dark-Sky Association），目前正在开展限制光污染的运动，使人能够清晰地观察宇宙。

我发现了!

埃德加·艾伦·坡（Edgar Allan Poe）在他 1848 年写的一首散文诗《我发现了》（*Eureka*），中，写道：

"如果恒星的数量是无限的，那么宇宙背景的亮度就是一致的，正如银河系所呈现出的那样——这是由于在天空背景中，绝对找不出一个没有恒星存在的方向来。在这种情况下，想要理解为什么从数不清的方向用望远镜望去只能望见空茫，只能有一种解释。该解释认为宇宙背景的距离实在是太遥远了，肉眼根本无法看到，因为它所发出的光从来没有到达地球。"

采用的事实。但是，这样一个简单的观测就能告诉人们如此之多的奥秘的确令人甚为惊奇。

视力的极限 第一种解释是宇宙不是无限大的。宇宙在某处必有界限，这样一来，宇宙中恒星的数目就是有限的，并非从任何方向看去都能看到恒星。站在森林边上或小树林里，能看到外面的天空也是类似的道理。

另一种解释是，距离越远，恒星数量就越少，从而叠加产生的光线强度较低。光速总是不变的，所以以远处恒星发出的光到达地球所需的时间就比近处恒星要长。太阳所发出的光需要 8 分钟才能到达地球；除太阳外，离地球最近的恒星（半人马座阿尔法星）所发出的光到达地球所需的时间为 4 年；而银河系另一端的恒星发出的光要到达地球则需要 100 000 年。离我们最近的星系仙女座所发出的光要 2 000 000 年才能到达，是人类肉眼能观察到的最遥远的物体。我们深入宇宙的内部，实际上是在沿着时间之箭回溯。因此，遥远的恒星看上去比近处的恒星要年轻。如果这些年轻的恒星最终比近处类似太阳的恒星要少，就可以帮助我们解释奥伯斯佯谬。类似太阳的恒星寿命可达 10 亿年（大恒星寿命短，小恒星寿命长），因此恒星具有一定寿命这一事实也能用来解释该佯谬。恒星在某个时间之前之所以不存在，是因为尚未形成。恒星不会永远存在下去。

红移现象也可能使遥远恒星的亮度变得比太阳低。宇宙膨胀使光的波长发生延伸，使遥远恒星发射的光产生红移。所以，远处的恒星比近处的看上去冷一些。这也会限制来自宇宙最外部的光线的数量。

也有人提出了一些古怪的解释，比方说远处发射的光被外星文明的烟灰、铁刺或者怪异的灰色灰尘遮住了。不过被吸收的光还可以以热的形式再次释放出来，从而在光谱上其他位置表现出来。天文学家已经检查了夜空中的光的所有波长范围，从无线电波到 γ 射线，没有发现星光被遮挡的证据。

宇宙的历史　那么，仰望夜空这样一个最简单的观察行为就能告诉我们宇宙并不是无限的。它只存在了有限的一段时间，大小也是有限的。宇宙中的恒星也不会永远存在下去。

现代宇宙学都是基于上述思想的。我们所能看到的最古老的恒星，年龄大约是 130 亿年。因此，宇宙的实际年龄一定大于 130 亿年。奥伯斯佯谬指出宇宙的实际年龄并不会比 130 亿年大太多，否则就应该能看到很多年龄更大的恒星了，而人们并未观测到这样的行星。

因为红移现象的存在，遥远的恒星星系的确比附近的星系要红一些。这样一来，采用光学望远镜进行观察，并确认宇宙的膨胀现象就比较困难了。目前已知的最遥远星系的红移现象非常严重，肉眼已不可见，只能利用红外设备进行观察。所有这些都为宇宙大爆炸提供了证据，也就是说宇宙是由 137 亿年前的一次大爆炸产生的。

有限的宇宙

44　哈勃定律

埃德温·哈勃（Edwin Hubble）率先提出太阳系外的星系都在离我们远去。根据哈勃定律，星系离我们越远，离去的速度就越快。星系的离去为宇宙膨胀提供了第一个证据。这个惊人的发现改变了人类对整个宇宙及其归宿的认识。

哥白尼在 16 世纪提出的日心说引起了人们的震惊。人类所居住的星球其实并不是宇宙的中心。但在 20 世纪 20 年代，美国天文学家埃德温·哈勃通过望远镜测量发现了更加令人不安的现象。他发现，整个宇宙并不是静止的，而是在不断膨胀的。哈勃测量出了其他星系的距离，以及这些星系相对于银河系的运动速度，发现它们都在快速地离我们而去。地球在宇宙中仅仅是一颗很不起眼的星球，只有几颗比较近的天体邻居是在向着地球慢慢移动的。星系的距离越远，离去的速度就越快，且速度与距离成正比（哈勃定律）。速度和距离之比为常数，称为哈勃常数。如今，天文学家们已经测量出哈勃常数的值等于 75 千米每秒每兆秒差距（1 兆秒差距等于 1 秒差距的 1 000 000 倍，等于 3 262 000 光年或者等于 3×10^{22} 米）。星系以该速度离我们远去。

> **天文学的历史就像不断远去的地平线。**
>
> 埃德温·哈勃，1938 年

大争论　20 世纪之前，人们对于银河系的了解还是很有限的。这时已经测定了银河系中的上百颗恒星，但同时也发现银河系中散布着一些暗色的云，称为星云。星云中有一部分是气态的云，与恒星的诞生和

大事年表

公元 1918 年	1920 年
维斯托·斯莱弗测量出了星系的红移	夏普利和柯蒂斯针对银河系的大小问题发生了争论

死亡有关。也有一些星云看起来有些不同：有的是螺旋形的，有的是卵形的，比一般的云要规则一些。

1920 年，两位著名天文学家就星云的起源问题产生了争论。哈洛·夏普利（Harlow Shapley）认为天空中的一切都是银河的一部分，并构成了整个宇宙。另一方面，赫伯·柯蒂斯（Heber Curtis）认为某些星云是分离的"岛宇宙"，或者位于银河系之外的外部"宇宙"。"星系"一词也只是后来为了描述星云宇宙所提出的。两位天文学家都援引证据支持自己的观点，争论也一直没有平息。哈勃后来的工作证明柯蒂斯的观点是正确的。螺旋星云的确是外部的星系，并不在银河系的内部。此时，展现在世人面前的宇宙变成了一幅巨大的图景。

飞散 哈勃采用位于威尔逊山上 100 英寸的胡克望远镜来测量仙女座中闪烁的恒星所发出的光。现已知道，仙女座星系是螺旋星系，与银河系非常类似，属于与银河系相关联的星系之列。这些闪烁的恒星被称为造父变星（Cepheid variable star），现在仍可作为了解距离的珍贵探测器。它们是在原型星座——仙王座被发现之后才被命名的。闪光的亮度和持续时间与恒星本来的亮度成正比，只要知道了恒星发光的变化，就可以知道其亮度。恒星的距离越远，亮度就越低。因此只要知道了恒星的亮度，就能知道它离地球的距离。这就好比把一个 100 瓦的灯泡放在一定的距离以外，可以读出其亮度，再将另一个 100 瓦的灯泡放在另一不同的距离处，那么通过将其亮度与之前的读出值相比较，就可以知道该灯泡的距离。

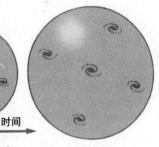

时间 →

1922 年	1924 年	1929 年
亚历山大·弗里德曼（Alexander Friedmann）发表了宇宙大爆炸模型	发现了造父变星	哈勃和米尔顿·赫马森（Milton Humason）发现了哈勃定律

哈勃太空望远镜

哈勃太空望远镜无疑是有史以来最著名的卫星观测站。在将近 20 年的时间里，哈勃望远镜所拍摄的星云、遥远星系和围绕在恒星周围的尘埃盘的精美图片一直占据着诸多报纸的头版。它的大小跟双层公交车相差无几，长 13 米，宽 4 米，重 11 000 千克，于 1990 年由"发现号"航天飞船送入太空。它的主镜镜面直径有 2.4 米，并附有一整套相机和电子探测器，用于拍摄清晰的透明照片（可见、紫外和

红外）。哈勃望远镜的优势在于它位于大气层的上方，因此照片不会出现模糊现象。目前，哈勃已经接近使用年限，其未来的用途还未确定。可能 NASA 会对某些设备进行升级，但需要载人宇宙飞船输送人员。当然也可能会终止该项目，将其回收留作后用，或直接安全沉入大海。*

* 编者注：2009 年 5 月，NASA 已派遣"亚特兰蒂斯号"航天飞机对其进行了修复。

哈勃测量仙女座的距离采用的也是这种方法。该星座的距离远远大于夏普利给出的银河系大小，因此它必定位于银河系之外。这个事实虽然再简单不过，但却有着革命性的意义。它说明宇宙是广袤的，中间遍布着像银河系一样的星系。如果说日心说激怒了教会和人类敏感的神经的话，那么把银河系降级为百万星系中再普通不过的一颗则会彻底粉碎人类的自尊心。

> **"我们发现的恒星体积变小，发光变暗，数量不断增加的时候，就已经深入太空的内部了。如果用最大的望远镜能观察到发光最暗的星云，就说明已经到达已知宇宙的尽头了。"**
>
> 埃德温·哈勃，1938 年

于是，哈勃开始测量许多星系的距离。他还发现这些星系的发光都存在红移现象，且红移量与距离成正比。此处所说的红移类似于物体快速运动的多普勒效应（见第 76 页）。光的频率（如氢原子跃迁）的红移现象，说明这些星系是正在离我们而去的，正如救护车在远去时鸣笛声的频率会下降一样。这种现象是很奇怪的，因为除这些星系之外，只有"近处"一些星系是向着银河系运动的。星的距离越远，离去的速度就越快。哈勃指出星系也并不是简单地离我们而去，果真如此，地球还真是成为宇宙中一颗"待遇特殊"的星球了。实际上，所有星系都是在相互远离的。哈勃由此推断，

宇宙本身一直都是在膨胀的，像一只充满气的巨大气球一样。而星系就好比气球上的点，气球膨胀得越厉害，这些点之间的距离越远。

距离和速度 如今，天文学家们依然采用造父变星来描述宇宙的膨胀现象。如此一来，准确测定哈勃常数就是主要任务了。这样就需要知道星系的距离及其速度（或红移）。红移量可通过原子光谱直接测量出来。将星光的特定原子跃迁频率与实验室已有的波长数据进行比对，就可得出红移量。比较难测的是距离，因为需要知道遥远星系中准确长度已知或者真实亮度已知的参照物（这种参照物叫作"标准烛光"或"量天尺"）。

推测天文距离的方法有好几种。对于近处可分辨开来的星系，可采用造父变星法。如果距离比较远，就需要其他方法了。将所有不同的技术依次整合起来，形成所谓的巨大"测量杆"，或"定距梯"。但每种方法都有其特定的适用范围，所以，仍有一些不确定的因素会影响到准确度。

现已知道，哈勃常数的准确度大约为 10%，主要是由于哈勃太空望远镜对星系的测量结果和宇宙微波背景辐射所确定的。宇宙膨胀始于大爆炸，大爆炸发生后，宇宙诞生，星系彼此分开。哈勃定律设定了宇宙年龄的限值。宇宙一直是在膨胀的，如果沿着时间轴回溯到膨胀的起始点，就可以知道宇宙的年龄约为 137 亿年。幸运的是，宇宙的膨胀速率还不足以使其自身发生分裂。相反，宇宙一直处于细微的平衡之中，不会完全散开，且其质量也不足以使其最终发生坍缩。

宇宙膨胀

45 大爆炸

宇宙的诞生源于一次剧烈的爆炸，自此才有了我们所知道的空间、物质和时间。宇宙大爆炸已为广义相对论的数学计算所预测，并已被星系的远去、宇宙中轻元素的数量以及遍布天空的微波辐射等现象所证实。

大爆炸是终极爆炸——导致了宇宙的诞生。环顾四周，就能发现宇宙膨胀的迹象，从而使人能推断出：从前的宇宙体积一定较小，温度一定较高。由此得出的逻辑上的结论就是整个宇宙最初不过是一个点。这个点一经点燃，就在宇宙的大火球中诞生出了空间、时间和物质。经历了漫长的 140 亿年之后，这种密度很大的炙热的云开始膨胀，温度也开始下降，并最终分裂形成了今天遍布天空的恒星和星系。

并非玩笑 "大爆炸"一词实际上有点玩笑的意思。著名英国天文学家弗莱德·霍伊尔（Fred Hoyle）认为整个宇宙始于一个点的说法是荒谬的。他在 1949 年所做的一系列演讲中，嘲笑比利时数学家乔治·勒梅特（Georges Lemaitre）从爱因斯坦的广义相对论方程中得出这样的推论，未免过于牵强。相反，霍伊尔更倾向于认同宇宙持续发展的观点。他认为宇宙处于永久的"稳态"中，物质和空间都是被连续创造和消灭的，因此可以永远存在下去。即便如此，仍不断有证据表明宇宙的确是因大爆炸而来的。于是到了 20 世纪 60 年代，霍伊尔的稳态宇宙说终于作出了让步。

大事年表

公元 1927 年	1929 年
弗里德曼和勒梅特提出了大爆炸理论	哈勃观测到了宇宙膨胀现象

膨胀的宇宙　有三个重要的发现支持了大爆炸理论。第一个是 20 世纪 20 年代，哈勃观察到的大多数星系都在离去的现象。从远处看，所有星系都在相互远离，好像时空根据哈勃定律不断膨胀和延伸。延伸的结果就是光线要经过更长的时间才能通过不断膨胀的宇宙到达地球。该现象可通过所谓的"红移"，也就是光的频率的变化得到证实。到达地球的光线比刚从遥远恒星或星系所发出的光要"红"一些。红移可用于计算天文距离。

轻元素　让我们回到宇宙诞生的最初几个小时。大爆炸后的宇宙是一个"温度极高的熔炉"，所有物质都紧密堆积在一起。在最初的 1 秒内，宇宙的密度和温度非常之高，连原子都无法稳定存在。随着宇宙的膨胀和温度的下降，"粒子汤"最先形成，其中包括夸克、胶子和其他一些基本粒子（见第 148 页）。几十微秒后，夸克开始互相结合，形成质子和中子。在最初的 3 分钟内，质子和中子依照宇宙化学和各自的相对质量数组合成原子核。除氢原子之外的其他元素都是通过这种核聚变形成的。一旦宇宙温度降到聚变限值之下，比铍更重的元素就无法形成了。因此在大爆炸之初宇宙中只有氢原子核、氦原子核以及痕量的氘（重氢）、锂和铍。

20 世纪 40 年代，拉尔夫·阿尔弗（Ralph Alpher）和乔治·伽莫夫（George Gamow）预测有部分轻元素是在大爆炸中形成的。这一现象已为银河系中慢燃恒星和原始气云的最新测量结果所证实。

微波背景辐射　支持大爆炸理论的另一个证据是 1965 年发现的大爆炸自身的微弱波。阿诺·彭齐亚斯（Arno Penzias）和罗伯特·威尔

> **"将电视机调到一个没有节目的频道，此时屏幕上跳动的静电有 1% 来自大爆炸遗留下来的残留物。下次你再抱怨没有节目的时候，记住自己实际上看到了宇宙诞生的情形。"**
>
> 比尔·布莱森（Bill Bryson），
> 2005 年

1948 年	1949 年	1965 年	1992 年
预测了宇宙微波背景 阿尔弗和伽莫夫计算了大爆炸的核合成	霍伊尔提出了"大爆炸"一词	彭泽斯和威尔逊探测到了宇宙微波背景	COBE 卫星测出了宇宙微波背景斑

大爆炸年表

↑
回古

137 亿年（大爆炸之后）
现在（温度 T=2.726 开尔文）

2 亿年 "再电离"： 太初恒星加热和
电离氢气（T=50 开尔文）

38 万年 "再次结合"： 形成氢原子
（T=3 000 开尔文）

1 万年 辐射主导时期结束
（T=12 000 开尔文）

1 000 秒 中子衰变（T=5 亿开尔文）

180 秒 "核合成"： 自氢合成氦和其他
元素（T=10 亿开尔文）

10 秒 电子－正电子对湮灭
（T=50 亿开尔文）

1 秒 中微子去耦（$T \approx$ 100 亿开尔文）

100 微秒 介子湮灭（$T \approx$ 1 万亿开尔文）

50 微秒 "量子色动力学相变"： 夸克
结合成中子和质子（T=2 万亿开尔文）

10 皮秒 "电弱相变"： 电磁力和弱力
成为不同的力（T 约为 1~2 千万亿开尔文）

在此之前温度太高，我们对其物理状态尚
不清楚

↓
大爆炸

逊（Robert Wilson）在新泽西的贝尔实验室一起研究雷达接收器的过程中，一直被无法消除的微弱噪声信号所困扰。宇宙中似乎有一个信号源在不断发射信号，信号强度相当于温度若干度的物体。

他们在与附近普林斯顿大学的天文物理学家罗伯特·迪克（Robert Dicke）讨论后，认为信号与人们预测的大爆炸余辉是一致的。这样，宇宙微波背景辐射在无意间被他们发现了，该辐射源于最初的炽热宇宙遗留下来的大量光子。迪克也曾搭建了一台类似的雷达天线搜寻背景辐射，听到这个消息他可没那么高兴，还嘲弄着说："伙计们，咱们让人家抢了先了。"

乔治·伽莫夫、拉尔夫·阿尔法和罗伯特·赫曼（Robert Hermann）在 1948 年已经预测到大爆炸理论中微波背景的存在。虽然原子核是在大爆炸之后的最初 3 分钟内形成的，但是此后的 40 万年里，却一直没有形成原子。最后，带负电的电子和带正电的原子核结合成氢原子和轻元素。由于带电粒子可散射光，阻挡光线的通过，因此原子核和电子的消失使迷雾般混沌的宇宙变得透明。自此之后，光就可在宇宙中自由传播，我们今天所看到的正是此后的宇宙。

虽然初生宇宙开始为一层热雾所笼盖（约 3 000 开尔文），但因为宇宙膨胀导致发射光发生红移，所以今天所看到的宇宙温度并不到 3 开尔文（绝对零度 3 度以上）。这是由彭齐亚斯和威尔逊提出的。这三条基础至今未变，大爆炸理论也因此仍为大多数天文物理学家所接受。少数物理学家还在继续研究弗莱德·霍伊尔（Fred Hoyle）的稳态模型，但要在另一模型中解释上述三条发现仍很困难。

过去和将来 大爆炸之前发生了什么？因为时空是在大爆炸中产生的，所以这个问题就不是那么有意义了，就像"地球是从哪里开始出现的？"或者"地球上北极的北边是哪里？"之类的问题一样。但是数学物理学家的确在多维空间下（通常是 11 维）采用 M 理论和弦论对大爆炸的起源进行了研究。他们研究弦的物理学以及多维空间中的膜，并引入粒子物理和量子力学思想，尝试引发宇宙大爆炸。与此同时，有些宇宙学家也讨论了平行宇宙存在的可能性。

与稳态模型不同，大爆炸模型中的宇宙是在不断进化的。宇宙的未来主要是由受万有引力作用的物质数量及其他拉伸力（包括宇宙膨胀）之间的平衡决定。如果万有引力占了上风，宇宙膨胀在某天就会停止，并开始收缩，形成大爆炸的逆过程，称为大坍缩，这样的生死循环在宇宙中可能会反复出现；也可能，如果宇宙膨胀和其他斥力（如暗能量）占了上风，所有恒星和星系最终就会分开，宇宙变成黑洞和粒子的孤寂荒漠，即"大寒冷"状态；近来又出现了一种"歌蒂的宇宙"模型，它指的是如果引力和斥力达到平衡，宇宙会永远持续膨胀，但膨胀速度逐渐减慢。（编者注："歌蒂的宇宙"英文是"Goldilocks universe"，来源于《格林童话》中金发小姑娘歌蒂在三只小熊家里要喝"既不冷也不热，刚刚好的粥"的故事，在此引申为宇宙不冷不热、"恰到好处"地适于生命。）现代宇宙学认为"歌蒂的宇宙"最有可能是宇宙的最终归宿。不管怎么说，宇宙总是按其自己的规律行事。

> **"宇宙之中有一个协调一致的计划，不过我并不知道为什么要有这计划。"**
>
> 弗莱德·霍伊尔（Fred Hoyle），
> 1915—2001 年

终极膨胀

46　宇宙膨胀

　　为什么宇宙不管从哪个方向看都是相同的？平行光在太空中传播时，为什么仍保持平行，让我们能看到一颗颗星星？我们认为问题的答案是宇宙膨胀，亦即初生的宇宙瞬间膨胀，磨去了皱纹，之后宇宙膨胀与引力正好相互平衡。

　　人们生活的宇宙是很特殊的。向宇宙中看去，能清楚看到众多恒星和遥远的星系，而且没有失真。其实，出现失真也是很可能的。爱因斯坦的广义相对论将重力描述为弯曲的时空面。光线在时空面上沿着弯曲的路径传播（见第 170 页），因而光线可能会交叉错乱，宇宙看上去变得扭曲，像是从镜中反射出来的。但整体来说，除了星系边缘有异常偏差外，光线差不多还是以直线的形式在宇宙中传播。从观察点到星系边缘中间的视野依旧是清晰的。

> **"人们都说天下没有免费的午餐这回事，但是宇宙却是最彻底的免费午餐。"**
>
> 艾伦·古思（Alan Guth），
> 生于 1947 年

　　平坦性　虽然相对论认为时空是弯曲的，天文学家有时却将宇宙描述为"平坦"的。也就是说，平行的光线，不管在宇宙中传播了多远的距离，最终仍旧保持平行，像是在沿着平面传播。时空可以被形象地视为橡胶板，重物施加的压力较大，所形成凹面代表引力。实际上，时空具有多重维度（至少 4 个，即 3 个空

大事年表

公元 1981 年	1992 年
古思提出了宇宙膨胀说	COBE 卫星探测到了冷热斑点，并对其温度进行了测定

宇宙的形状

按最近的微波背景观测结果，如 WMAP 探测器（威尔金森微波各向异性探测器）在 2003 年和 2006 年的观测结果，物理学家已能测定整个宇宙的时空形状。将微波天空的冷热斑点大小与大爆炸理论的预测结果进行比较，物理学家说明了宇宙是"平的"。哪怕平行光束沿着整个宇宙传播几十亿年之后，它们依然保持平行。

间维度和 1 个时间维度），但较难以想象。大爆炸后，宇宙构造也在不断膨胀。宇宙的形状基本还是像桌面一样，是一个平面。但因为不同物质形式的存在，这个平面上也存在一些小的凹陷和突起。如此一来，光线在宇宙中传播时，路径就基本不受影响了。不过在经过大型天体时就得绕道了。

如果物质数量巨大，那么所有物质都会对时空面施加压力，最终使时空面折叠，使膨胀逆转。在这种情况下，开始相互平行的光线，最终会汇聚到一点。如果施加压力的物质量太少，时空面就会伸展拉开。平行光线在经过时空面后就会发散。但实际的宇宙好像是上述两种情形的折中，物质的数量可在宇宙稳定膨胀的同时，保持宇宙构造的稳定。因此，宇宙看似达到了精确的平衡。

2003 年

WMAP 探测器测出宇宙微波背景辐射

微波背景

微波背景辐射的发现包括了上述所有问题。这个背景是大爆炸火球的余辉。余辉又发生了红移，现在的温度是 2.73 开尔文。整个宇宙的微波背景温度严格为 2.73 开尔文，冷热斑点与该温度的偏差仅为十万分之一。该温度至今仍然是所有物体中测得最准确的。宇宙的这种均一性让人感到意外，因为它还很年轻，其中遥远的区域即便用光速也无法通信。因此这些相隔甚远的区域具有相同的温度这一事实，的确令人费解。温度的微小波动是宇宙诞生早期量子波动给我们留下的久远的印迹。

各向同性 宇宙的另一个特点是从各个方向看去均相同。宇宙中的星系并非集中在一点上，而是在各个方向上均匀分布。乍看好像没什么，其实却是出乎意料的。使人们困惑的是，宇宙这么大，即便是采用光速，它的两头也是无法通信的。宇宙只存在了 140 亿年，但宇宙的大小已经超过了 140 亿光年。因此，哪怕光以传播信号所能达到的最快速度进行传播，也来不及从宇宙的一头到达另一头。那宇宙的一头怎么知道另一头是什么样的呢？这就是所谓的"视界问题"。"视界"是光自宇宙诞生起所能传播的最远距离，外观呈一个亮球。因此，宇宙中有一些区域是人无法看到，也永远不可能看到的，从这些区域发射的光无法到达地球。

光滑性 宇宙也是相当光滑的。星系在宇宙中均匀分布。如果斜着看，这些星系会产生均匀的发光，而不是形成一些大的亮斑。实际情况并非一定如此。因为引力的存在，星系随时间增长。最初的星系只是大爆炸后余下的气体中稍显致密的点。受引力的影响，

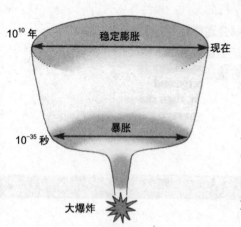

10^{10} 年　稳定膨胀　现在

10^{-35} 秒　暴胀

大爆炸

这些点开始坍缩，形成恒星，最终形成星系。形成星系的过密点是由量子效应，即炽热幼年宇宙中粒子能量的微小变动产生的。这些致密点不断放大，形成了星系团。星系团似牛皮，而不似分布广泛的大海。星系分布图多有丘陵，却鲜见大山脉。

急剧增长　宇宙的平坦性、视界疑难和光滑性等问题都可从一种理论得到解释：暴胀。暴胀理论是于 1981 年由美国物理学家艾伦·古思提出的。视界问题指的是虽然宇宙很大，两头无法通信，但从各方向看去却都相同。这表明宇宙以前曾经很小，光可在其内部所有区域通信。不过今天的宇宙变得和以前不一样，因此必定有一个暴胀的过程，才形成了今天我们所看到的大宇宙。暴胀阶段一定是非常快的，比光速还要快得多。这种瞬间的快速膨胀，使宇宙体积不断变大，并消除了量子扰动带来的微小密度差异，就像气球充气时上面印着的图案颜色会变浅一样。暴胀过程随后也使引力和膨胀最终达到平衡，此后膨胀的速度就慢下来了。暴胀几乎是在大爆炸后瞬间（10^{-35} 秒）发生的。

> "万物是怎样从随机量子波动中被创造出来的；经历了 150 亿年的风风雨雨，物质是怎样通过如此复杂的方式才组织成今天能坐在这里谈话，并按自己意志工作的人？物理学定律能给出这些问题的答案，真是太奇妙了。"
>
> 艾伦·古思生于 1947 年

暴胀理论现在尚未得到证明，其根本原因也不甚清楚。理解暴胀理论是下一代宇宙学实验的目标。这些实验包括获得宇宙微波背景辐射的明细图及其极化情况。

宇宙暴胀

47   暗物质

宇宙中有90%的物质都不发光，而呈黑色。通过引力效应可以探测到暗物质，但它却难以与光波或物质发生相互作用。科学家认为暗物质的存在形式有MACHO（大质量致密天体）、死亡退恒星、气态行星、WIMP（弱相互作用重粒子）或者奇异亚原子粒子。目前，寻找暗物质是物理学研究的前沿。

暗物质一词听上去很奇特，或许它也的确是奇特的，而实际上，暗物质这个定义是很直观的。我们看到宇宙中的物体能发光，是因为它们本身能发射出光线，或者可以反射光线。恒星闪烁是因为本身能发光，而行星则能反射太阳光。没有光就看不到星星。当月球从地球后方经过时，我们就看不到了。恒星如果燃烧殆尽，余下的是一个看不见的壳。大如木星的行星，如果失去束缚力的作用，离开太阳太远，也就看不见了。如此看来，宇宙中大部分的物质都不发光这一事实也就没什么令人吃惊的了。这些物质就是暗物质。

暗面   虽然无法直接看见暗物质，但通过它对其他天体或者光线的吸引作用还是能探测出其质量。哪怕并不知道月球是存在的，也还是可以间接推断出它的存在，因为月球的引力会使地球的运行轨道发生略微的偏移。人们已经利用引力造成的母星摆动发现了围绕遥远恒星运行的行星。

大事年表

公元 1933 年

扎维奇测定了后发星系团
（Coma cluster）中的暗物质

能量核算

现在已经知道，宇宙质量有 4% 来自重子的贡献（包含质子和中子的一般物质），另有 23% 是奇特的暗物质。我们知道，暗物质并非由中子组成。不过，要了解其组成更是困难，或许暗物质是由 WIMP 一类的粒子组成。宇宙能量核算的其余部分全部是暗能量。

20 世纪 30 年代，瑞士天文学家弗里兹·扎维奇（Fritz Zwicky）发现星系附近的巨大星团的行为，表明星系的质量远远大于星系中所有恒星质量的总和。他推测，在整个星系中，某种未知暗物质的质量大约是发光物质、发光恒星和热气等质量之和的 400 倍。暗物质的总质量令人吃惊，说明宇宙质量的大部分并不是恒星和气体，而是其他物质。那么暗物质究竟是什么？它隐藏在何方？

在单个螺旋星系中也存在能量消失的情况。如果星系的质量仅仅是其内部恒星质量之和，那么外围区域气体的旋转速度便不应如此之快。因此，这样的星系比仅仅通过可见物推测出的质量要大。此处暗物质的质量同样是可见恒星和气体的几百倍之多。暗物质不仅遍布于星系内部，而且其质量非常之大，足以控制星系内各恒星的运动。暗物质的作用甚至超出了星系的范畴，它能填充为围绕扁平螺旋星系的球形"光斑"或球泡。

重量增加　天文学家不仅在单个星系中发现了暗物质，而且在星系

1975 年	1998 年	2000 年
薇拉·鲁宾（Vera Rubin）提出星系的旋转受到暗物质的影响	推测出中微子的质量很小	在银河系中探测到了 MACHO

团、超星系团和遍布整个空间的"超"超星系团中也有发现。星系团通常包括上千个通过万有引力结合在一起的星系。在任何尺度下，只要有引力，就有暗物质存在。如果将所有的暗物质加起来，其质量将是发光物质的1000倍之多。

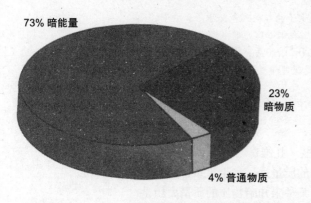

73% 暗能量

23% 暗物质

4% 普通物质

整个宇宙的命运取决于其质量大小。引力的吸引可抵抗紧随大爆炸而来的宇宙膨胀。结果有三种可能。如果宇宙质量较大，引力占了上风，宇宙最终收缩（大坍缩导致宇宙终结）；如果宇宙质量较小，它将永远膨胀下去（开放宇宙）；或者因为引力的关系，宇宙处于精确的平衡中，膨胀速度逐渐减慢，但却永远不能停止。最后一种结果可能是最好，物质的数量恰能减慢宇宙膨胀，而又不终止膨胀。

WIMP 和 MACHO　暗物质是由什么组成的？首先，有可能是暗气云、暗星或者不发光的行星。上述均称为 MACHO，即大质量致密天体。其次，也可能是由一种新型的亚原子粒子组成的，称为 WIMP，即弱相互作用大质量粒子。这种粒子对其他物质或者光没有任何影响。

天文学家已经发现 MACHO 遍布于整个太阳系。MACHO 质量很大，相当于木星的大小，通过引力效应可将其一一辨出。如果某颗较大的气态行星或衰退恒星在背景星之前经过，引力就会使星光向其发生弯曲。如果 MACHO 恰位于恒星体前方，那么光的弯曲会使其发生聚焦，使星体在经过时亮度增加，该现象称为"引力透镜效应"。

根据相对论，MACHO 行星会使时空发生弯曲，就像重球对橡胶垫的压缩，从而使附近光的波阵面发生弯曲（见第 170 页）。天文学家在上百万个背景恒星中寻找 MACHO 经过时的亮度增强现象，不过最终

> **"宇宙主要是由暗物质和暗能量组成的。对此二者，我们一无所知。"**
> 索尔·珀尔穆特（Saul Perlmutter），1999 年

只发现少数闪耀现象，尚不足以解释整个银河系的质量消失。

MACHO 由普通物质或重子物质组成，包括质子、中子和电子。宇宙中重子数量的限值可通过追踪重氢（氘）获得。氘只在大爆炸中产生，却不能在恒星中形成，尽管氘可以在恒星中燃烧。因此，通过测定宇宙中原始气云的氘含量，再加上已准确可知的氘的形成机理，天文学家就能估计出大爆炸所产生的质子和中子数量。因此，宇宙剩下的部分一定是以完全不同的形式存在着的，例如 WIMP。

寻找 WIMP 是人们关注的焦点。WIMP 之间存在弱相互作用，这些粒子很难被探测到，其中之一就是中微子。上世纪物理学家已经测定出了中微子的质量，知道其质量很小，但也并不等于零。因此，尚有更多的奇特粒子有待于发现，有些粒子是物理学家之前所不知道的，如轴子和光微子。对暗物质的理解或许能点亮整个物理学世界的天空。

宇宙的暗面

48　宇宙学常数

爱因斯坦认为将宇宙学常数纳入相对论方程中的做法是自己最大的错误。该项可通过调整宇宙膨胀速率，对万有引力进行补偿。后来，爱因斯坦又认为该项是不必要的，将其删去。然而，在20世纪90年代有新的证据表明该项还应该再引入进来。天文学家们发现，一种很神秘的暗能量正在导致宇宙的暴胀，并可能改写现代宇宙学。

爱因斯坦认为人类生活的宇宙是稳定的，而非自大爆炸而来。在用方程进行描述时，他遇到了困难。如果只有引力，则宇宙万物最终会坍缩成一个点（很可能是黑洞）。很显然，宇宙实际上并非如此，相反，它看上去是很稳定的。因此，爱因斯坦在他的理论中加上了另一项——排斥性的"反引力"项，来抵抗引力。这样做的目的只是保证方程的正确性，并非确有此力存在。但问题马上就来了。

如果有一种反作用力抵抗引力，那么正像引力会造成宇宙的坍缩一样，反作用力亦能很容易地放大，把引力联系起来的宇宙撕碎。为避免此种情况发生，爱因斯坦倾向于忽略第二个排斥力项，并承认自己在引入该项时出了差错。其他物理学家也倾向于删去该项（他们或许也正想如此处理）。不过历史却没有忘记该项，它在相对论方程中依旧存在，只是宇宙学常数的值为0。

大事年表

公元 1915 年	1929 年
爱因斯坦发表了广义相对论	哈勃提出空间是膨胀的，爱因斯坦从方程中删去了宇宙常数

宇宙暴胀 20 世纪 20 年代，两个小组的天文学家在测定遥远星系的超新星时，发现超新星的亮度比想象中的要低。超新星是恒星死亡前的"回光返照"，其有多种类型。Ⅰa 型超新星的亮度可以预测，这在距离推测上很有用。就像造父变星可用于测量星系的距离（哈勃定律即是据此提出），通过光谱可算出Ⅰa 型超新星的固有亮度，并进一步得出距离。上述计算对近处的超新星均能获得较好的结果。然而，超新星的距离越远，发光就越暗，好像比想象的距离要更远一些。

随着更多遥远超新星的发现，发光随距离的变化表明宇宙的膨胀速度并不是不变的（如哈勃定律所述），而是加快的。这对于宇宙学界是不小的震动。直到今天，人们仍在试着对其作出解释。

超新星的上述现象与爱因斯坦的方程吻合得很好，但是必须要引入一个负项，将宇宙学常数从 0 提高到 0.7。上述现象与宇宙微波背景辐射等其他宇宙数据共同表明，需要引入一个与引力平衡的排斥力。但此力是相当微弱的。它为什么这么微弱至今仍是一个谜，因为找不出什么理由能解释它为什么不更强大一些，以至于超过引力的影响，从而控制整个宇宙。相反，它的大小与引力很接近，只对我们看到的时空产生微小的影响。这个负能量项被称为"暗能量"。

> "70 年来，我们一直都在试图测出宇宙膨胀减慢的速度。最终我们做到了，不过宇宙膨胀的速度并不是减慢的，而是加快的。"
>
> 迈克尔·S. 特纳，2001 年

1998 年

超新星数据表明宇宙常数是必需的

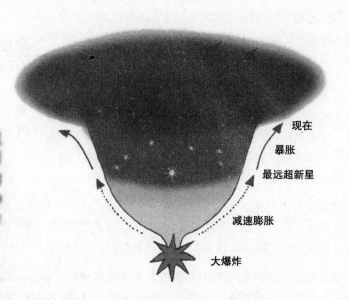

现在

暴胀

最远超新星

减速膨胀

大爆炸

> **"它（暗能量）似乎与空间有联系。与暗物质具有引力不同的是，暗能量可产生一种抵抗引力的效应，使宇宙膨胀。"**
>
> 布莱恩 · 施密特（Brian Schmidt），2006 年

暗能量 暗能量的来源目前仍不明确。我们对此的认识，仅限于暗能量是与自由空间的真空相关联的一种能量。它在不存在受引力吸引物质的区域可产生负压，从而使真空区膨胀。通过超新星的观测结果，我们大体知道了它的强度。除此之外，别的就不知道了——我们不知道暗能量是否是常数，是否在宇宙各处各时都采取相同值（如引力和光速），也不知道它的值是否会随着时间发生变化（刚发生大爆炸后的值与现在和未来的值可能不同）。按更一般的形式，暗能量被称为"第五元素"或"第五种力"，其强度可以任何形式随时间而变化。不过目前尚不清楚这种难以捉摸的力是如何显现的，也不知道它是如何在大爆炸物理学中产生的。目前，该领域是物理学家们的热点研究方向。

我们现在对宇宙的图形已经有了更好的理解，知道了宇宙的组成。而暗能量的发现平衡了宇宙学的理论，它弥补了整个宇宙能量核算缺

"然而需要强调的是，即便不引入附加项（宇宙常数），按照我们的结果，空间的曲率仍然是正的。该项仅在要得到物质的准静态分布时为必需的。"

阿尔伯特·爱因斯坦，1918 年

失的那部分。从而我们现在知道，宇宙中 4% 是普通物质（重子物质），23% 是暗物质，剩下的 73% 是暗能量。把这些数字加起来，恰好就得到平衡的"歌蒂的宇宙"的全部组成，且非常接近宇宙开放和封闭的临界质量。

然而，暗能量的神秘性质意味着，哪怕知道了整个宇宙的质量，宇宙未来的行为仍是难以预测的，因为这取决于暗物质的影响在未来是否增加了。如果宇宙现在仍在加速，那么暗能量和引力对宇宙的控制就是同等重要的。但如果某刻加速占了上风，则宇宙膨胀的影响就会超过引力。如此看来，宇宙的命运很可能是一直膨胀下去，且速度不断加快。也有人提出了一些恐怖的设想——万一引力被膨胀超越，那么结合力微弱的整体结构就会飞散分开，最终星系拆散，恒星蒸发为一团团原子。最后，负压会剥去原子的外壳，宇宙中只剩下亚原子粒子。多么可怕的情景！

尽管"宇宙拼图"正日益清晰起来，人们也已经测定出不少描述宇宙几何结构的数据，但是还有很多大问题没有得到解答。我们还不知道宇宙组成的 95% 是什么，也不知道第五元素究竟是什么。所以，如今功成身退还为时尚早。宇宙至今还是一个谜。

第五种力

49　费米悖论

如果能在地球以外的宇宙中探测到生命，将无疑是有史以来最伟大的发现。恩里科·费米（Enrico Fermi）提出一个问题，宇宙的历史如此久远，如此广袤，已是数十亿年的高龄，其中的恒星和行星数量以十亿计，缘何至今未有外星文明到访地球？这就是费米悖论。

物理学教授恩里科·费米在 1950 年的一次午餐上与同事聊天时，试着问道："他们在哪儿呢？"（编者注：费米是在听到别人讨论飞碟和外星人问题时，突然冒出这么一句，这句看似简单的话，就是著名的"费米悖论"。）银河系有数十亿计的恒星，宇宙有数十亿计的星系。由此，宇宙中恒星的数目是以百亿亿计的。即便恒星中只有一部分有行星，数目也是相当可观的。如果行星中有一部分孕育着生命，那么就应该有数以百万计的文明存在。可我们为什么没有发现他们？为什么他们也未与我们联络？

德雷克方程　1961 年，弗兰克·德雷克（Frank Drake）写出一个方程，描述了在银河系另一颗行星上有外星文明存在的概率，称为德雷克方程。它告诉我们，地球文明可能是与其他文明共存的，不过概率有多少还不知道。卡尔·萨根（Carl Sagan）曾指出，银河系内可能有多达 100 万个先进文明，不过后来他又将该数字下调了。其他人据此推测，这个数字可能应该是 1——宇宙中也就有地球一个人类文明而

大事年表

公元 1950 年	1961 年
费米质疑外星联系是否存在	德雷克提出了德雷克方程

已。在费米提出该问题的半个多世纪后，我们依然没得到解答。通信系统已有，只是无人联络。对周遭的探索越多，地球就越显得孤独。目前为止，在月球、火星、小行星和太阳系外的行星和卫星上未曾发现任何确凿的生命迹象，哪怕是最简单的细菌都没发现。从恒星的发射光中也未发现干涉迹象，表明没有绕其作轨道运动并采集能量的天体存在。我们目前还没有发现外星文明，并不是因为没有去探寻，恰恰相反，人们在外星文明的搜寻上投入了大量精力。

寻找生命　现在应该到哪里去寻找生命呢？第一种方式是去太阳系中寻找微生物。科学家仔细检查从月球带回的岩石后，发现它是玄武岩，没有生命存在。有人提出地球上的火星陨石上可能会有细菌的残留部分，但现在还无法证明陨石上的卵形泡中存在着外星生命，并且无法证明该卵形泡在落到地球之后未被污染或甚至于其并非是由自然地质作用所形成的。如今，宇宙飞船和着陆舱上的摄像机能记录下火星、小行星甚至是外太阳系中的行星（如土星的卫星土卫六）表面的情况，无需再提取岩石样本。

火星的表面是火山砂和火山岩形成的沙漠，却不同于智利的阿塔卡马沙漠。土卫六的表面是潮湿的，被液态甲烷所覆盖，不过至今也没有生命的迹象。木星的卫星之一木卫二受到人们的追捧，今后在太阳系中能否搜寻有生命存在，就看它了。木卫二的冷冻表层之下富含液态水。空间科学家目前正计划设法穿透冰层，了解水下的情况。太阳系外有些地质活动频繁的行星，受其绕巨大气星运行轨道引力扭矩的挤压和拉伸作用的影响，释放出热量。因此在太阳系外，液态水未必罕见，有朝一日也许能发现生命。进入该区域的宇宙飞船需经彻底消毒，防止地球上

> **"我们是谁？我们发现自己住在某个普通恒星的一颗很不起眼的行星上。这恒星迷失在星系中，而星系又隐藏在宇宙中一个不为人知的角落里。地球上所有的人口都加起来，也远远不及宇宙中星系的数量。"**
>
> 沃纳·冯·布朗恩（Werner von Braun），1960 年

1996 年

南极陨石暗示火星上可能有生命存在

德雷克方程

$$N=N_* \times f_p \times n_e \times f_l \times f_i \times f_c \times f_L$$

N 代表银河系中可探测电磁发射的文明数。

N_* 代表银河系中的恒星。

f_p 代表具有行星系（planetary system）的恒星所占的比例。

n_e 代表太阳系中具备适合生命生存的环境（environment）的行星数。

f_l 代表在具备适合生命生存环境的行星中，发展出生命（life）的行星所占的比例。

f_i 代表在发展出生命的行星中，演化出智能（intelligent）生命的行星所占的比例。

f_c 代表在具有文明（civilization）的星球中，已经开发出某种技术，能将文明存在的信号以可探测的方式发射到宇宙空间中的那部分所占的比例。

f_L 代表向宇宙空间发射可探测信号的文明星球的通信寿命（lifetime）（对地球而言，目前该寿命甚小）。

的微生物对其造成污染。

微生物不会自报家门，那高级的动物或植物呢？既然已能探测到遥远恒星的行星，天文学家现在正打算研究这些行星所发射的光，以找出能支持或表明生命存在的证据。人们也许从中可以得到臭氧或叶绿素的光谱，但这需要精密观测站的支持。下一代的航天任务也许能做到，如NASA的类地行星搜寻者（Terrestrial Planet Finder）。或许有朝一日，真能发现地球的兄弟姐妹。果真如此，在这些行星上生活的会是人、鱼还是恐龙呢？还是只有大陆和海洋，没有生命存在？

超时空接触 其他行星（如类地行星）上生命的进化方式与地球上的生命可能是迥异的。因此，还不能确定外星生命有能力与地球通信。从有广播和电视播放那天起，二者的信号就开始从地球以光速向外发射。离地球4光年的半人马阿尔法星（Alpha Centauri）上的电视迷可以观看到地球4年前的节目，看的没准是《超时空接触》（Contact）的重播呢。早期的黑白电影能传到大角星（Arcturus），毕宿五（Aldebaran）上的当红明星没准正是查理·卓别林。实际上，从地球上发射出去的信号很多，只要有天线就能捕捉，那么其他高级文明是否也会向外发射信号

"太阳只是银河系中 1 000 亿颗恒星中的一颗，银河系又是宇宙中几十亿个星系中的一个，如此说来，认为人类是广袤宇宙中唯一生物的想法就不免有些霸道了。"

卡尔·萨根，1980 年

呢？射电天文学家正在扫描天空，看有无附近的行星在发射异常信号。

射频频谱范围很宽，所以天文学家主要集中观察重要的自然能量转换附近的频率，如氢的能量转换，它在宇宙各处均应相同。他们正在已知天体之外寻找有规律、有组织的无线电传播。1967 年，英国剑桥大学的研究生乔斯琳·贝尔（Jocelyn Bell）发现了恒星发射无线电波的规则脉冲，大为惊讶。有人认为这是外星的莫尔斯电码。其实，这只是一种新的自旋中子星，称为脉冲星。由于扫描数千颗恒星需要的时间很长，美国启动了一个特别项目，称为 SETI（外星文明搜寻计划）。数据分析工作已进行了数年，但至今尚未发现异常信号。其他射电望远镜也会不时做些搜寻工作，不过都没发现什么异常。

脱离现实 既然可用来通信和探测生命迹象的方式如此之多，那么其他文明为什么不回复我们的呼叫，也不主动发射信号呢？费米悖论难道真是正确的吗？对此有多种说法。高级生命存在的时间可能很短，只有在存在的这段时间内通信才是可能的。为什么？也许智能生命总是很快就灭亡了，这毁灭也许是自毁的。在这种情况下，通信或者在附近存在可以通信的星球的几率就很小了。其他想法的情况还有不少，也许外星生命压根就不想联系，是有意孤立我们；也可能，他们只是太忙了，无心去发射什么信号吧。

凝聚思想

外边有人吗？

50 人择原理

人择原理指出，宇宙之所以是现在的样子，是因为如果不这样，就不会有人类存在和观察它了。这也解释了为什么物理学的各个参数都要采取一些特定数值，包括核力的大小、暗能量和电子的质量。这些量中的任何一个只要稍有偏差，就会使宇宙成为不毛之地。

如果核力与它现在的大小稍有不同，那么质子和中子就无法结合在一起，也就无法形成原子核和原子。没有原子核和原子，就没有化学。没有化学就没有碳元素，也就不会出现生物甚至人类。没有人类，那谁来"观察"宇宙，又有谁来避免宇宙变成概率"量子汤"呢？

同样，如果没有原子，宇宙就不会演成目前人们所熟知的结构；如果暗能量比现在更强一些，星系和恒星也就不会被彼此拉开。因此，物理常数的值，如力的大小或粒子质量的微小变化，都可能产生灾难性的后果。换句话说，宇宙之中似乎存在着微妙的平衡。所有的力大小都刚刚合适。正因为这样，人才能进化成今天的模样。有着 140 亿年历史的宇宙中暗能量和万有引力相互抵消，亚原子粒子也正是其现在的模样。由此看来，人类今天能在宇宙中生活，是否也是一种幸运呢？

恰好如此　人择原理并不是"自大"地认为人类很特殊，也不认

大事年表

公元 1904 年	1957 年
阿佛雷德·华莱士（Alfred Wallace）讨论了人类在宇宙中的地位	罗伯特·迪克写道，宇宙受生物因素的限制

为整个宇宙单单是为人而生的，相反，它认为人在宇宙中生存并不是什么奇怪的事。宇宙中各种力中的一种只要出现微小的偏差，人类就无法存在。就像尽管行星有许多颗，但是限于目前所知，条件适宜并孕育出生命的只有地球一颗。宇宙产生的方式虽然可以有很多种，但只有按照现在的方式，才会出现人类。同样的道理，如果我父母不曾相遇，如果内燃机尚未发明（没有内燃机，我的父亲就到不了北方，也就不会遇见我的母亲），也就不会有我了。这并不是说整个宇宙是为我的出生演化的。事实是，我既然出生了，就得先有内燃机发明出来，这也就缩小了宇宙产生方式的范围。

> **所有不同的物理量和宇宙量观测值的概率并不等同。这些量的取值有一定限制，即其组合正好可以为碳基生命提供进化的场所……宇宙的年龄已经足够大了，以至于碳基生命业已出现，并正处于进化当中。**
>
> 约翰·巴罗（John Barrow）和弗兰克·提普勒（Frank Tipler），1986 年

人择原理被罗伯特·迪克（Robert Dicke）和布拉登·卡特（Brandon Carter）当作物理学和宇宙学论据，而该原理其实早已为哲学家们所熟知。弱人择原理指出，如果宇宙的参数发生变化，人类就不能存在。可人类实际是存在的，因此可推断物质世界的特性一定受到了某些限制。强人择原理则强调了人类存在的重要性，认为生命的出现是宇宙形成的必然结果。举例来说，量子宇宙要变得具体化，就需要观察者对其进行观察。约翰·巴罗（John Barrow）和弗兰克·提普勒（Frank Tipler）也提出了一种人择原理，指出宇宙的根本目的是处理信息，宇宙的存在必定会产生生物，信息由生物进行处理。

1973 年

布拉登·卡特讨论了人择原理

人择泡泡

在我们生活的宇宙之外如果还有其他平行宇宙（或称泡泡宇宙）存在，人类就能避免目前面临的两难境地。每个泡泡宇宙的物理参数都稍有不同，这些参数决定了宇宙的进化，以及宇宙是否具备生命形成所需的适宜条件。据目前所知，生命是颇为挑剔的，只可能存在于为数不多的几个宇宙中。但既然泡泡宇宙数量如此之多，生命便有可能形成，因此人类的存在也就并非不可能了。

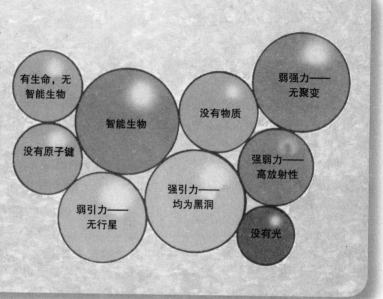

多世界　要使人类出现，宇宙的年龄就要够大，能为早期恒星内碳元素的产生提供足够的时间。同时，强核力和弱核力应当采取"恰好如此"的方式以保证核物理和核化学的成立。引力和暗物质应相互平衡，产生恒星，不将宇宙分裂。并且，恒星的寿命应该够长，保证出现行星；而且恒星还要够大，保证行星的温度适宜，上面有水、氮气、氧气和生命必需的其他物质。

既然物理学家能设想出参数不同于现存宇宙的宇宙来，他们中有些人就提出，创造出这样的宇宙就和创造现存宇宙一样容易。它们可能以平行宇宙或多元宇宙的形式存在，类似于现在的宇宙。

平行宇宙的观点与人择原理是一致的，两者都认为现存宇宙之外还存在着不适合人类生存的其他宇宙。这些宇宙可能是多维的，在观察行为触发结果后将沿着量子理论要求的线索分离出来（见第 117 页）。

另一面 人择理论也招致了一些批评。有人认为它是自证的，没有提供任何新信息——它现在如此正是因为它本来就如此。还有人对这个唯一可供测试的特殊宇宙并不满意，转而寻找自动调整宇宙的数学方法，令现存宇宙成为方程在物理上的必然解。多元宇宙观点允许无穷多宇宙存在，与上述情形比较接近。还有一些理论家，如弦论学家和 M 理论的支持者，试着在大爆炸之外，对参数进行细微调整。他们将大爆炸之前的量子海洋视为一种能量图景，并提出这样一个问题：如果让宇宙滚动展开，它最有可能停在何处？例如让球沿着山坡滚下去，最终球将更有可能停在谷底等处。要使能量最低，自然宇宙就应该找到特定参数组合，跟人类在几十亿年后能否出现无关。

> **" 要从头开始做个苹果派，就得先造出宇宙来。"**
>
> 卡尔·萨根，1980 年

人择原理的支持者和其他一些人，尝试提出能产生现今宇宙的数学方法。他们表示了对人类出现的种种说法的不认可，认为这个问题没什么意思。一旦超越大爆炸和可观测的宇宙，进入平行宇宙和已存在的能量场后，就进入了哲学的范畴。但不管宇宙为什么变成现在这样，这个过程都需要几十亿年的时间，我们还是应该感到幸运。不难理解，宇宙要形成生命所需的化学基础是需要一段时间的。人类能在暗能量相对安全的宇宙中，在暗能量与引力正好相互抵消的特定历史时期生存，依靠的不仅仅是运气。

完美宇宙

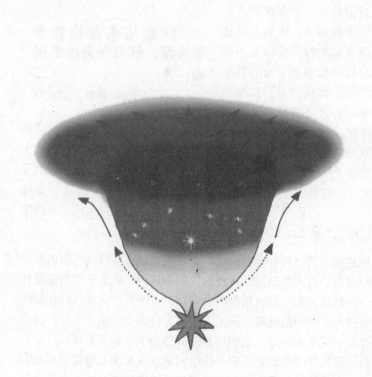

术语表

加速度 物体在一定时间内速度的变化。

宇宙年龄 参见**宇宙**。

原子 可以独立存在的物质的最小单元。原子由位于中心的硬原子核和核外电子云（带负电）构成。原子核由质子（带正电）和中子（不带电）组成。

黑体辐射 黑体在一定温度下所发射的特定波长的光。

玻色子 具有对称波函数的粒子。两个玻色子可占据同一量子态（参见**费米子**）。

宇宙微波背景辐射 宇宙微波背景辐射是遍布于空间的微弱微波发光。它来自大爆炸的余辉，后又冷却下来并红移到3开尔文的温度。

衍射 波在传播时，通过尖锐的边缘后分散开的现象，例如水波通过墙上的间隙进入港口后的状态。

弹性 弹性材料服从胡克定律。弹性材料的伸长量与所受的力成正比。

电 电荷的流动。电有电压（能量），可产生电流（流动），且用电阻可将电流减慢或阻止。

能量 使物体发生变化的潜在作用的属性。能量在整体上是守恒的，但它可在不同形式之间相互转化。

纠缠 在量子理论中，指在某个时间点上相关联的粒子会携带该时间点之后的信息，可用于瞬时信号传导。

熵 混乱度的度量。物体的混乱度越小，熵也越小。

费米子 遵循泡利不相容原理的粒子。两个费米子不能具有相同的量子态（参见**玻色子**）。

场 在一定距离下传输力的方式。与重力一样，电和磁都是场。

力 使物体的运动发生变化的提升力、拉力或推力。牛顿第二定律定义：力与其所能产生的加速度成正比。

频率 1秒内波峰通过某一点的次数。

星系 恒星之间通过万有引力，彼此互相吸引形成的恒星群或者恒星云。我们的银河系就是一个旋涡星系。

气体 彼此之间不存在相互作用力的一群原子或分子。气体没有固定的体积，但可以被收集在容器中。

万有引力 质量之间相互吸引的一种基本力。爱因斯坦的广义相对论中描述了万有引力。

惯性 参见**质量**。

干涉 不同相位的波相互叠加产生的加强（同相）或抵消（不同相）效应。

同位素 一种化学元素存在几种不同的形态，它们的原子核中质子数相同，但中子数不同，因而具有不同的原子量。

多世界假设 在量子理论和宇宙学中，指若干平行存在的宇宙。每当有事件发生，这些世界就发生分叉，但不管在什么时间我们都只在一个分叉上。

质量 与物体所含的原子数或者能量数等价的特性。惯性的概念与质量类似，它所描述的是物体对运动的抵抗程度，因此使较重物体（质量较大）改变运动状态比较困难。

动量 质量与速度的乘积。表示使运动的物体停止运动的困难程度。

原子核 原子中心的硬核，由质子和中子组成。二者通过强大的核力结合在一起。

观察者 在量子理论中，观察者指的是开展实验并测定结果的人。

相 一个波与另一个波之间以波长表示的相对位移。一个完整的波长位移是 360 度，如果两个波之间的相对位移是 180度，则该两波恰好完全反相（参见干涉）。

光子 表现为粒子形式的光。

压力 作用在单位面积上的力。气体的压力指的是气体原子或分子施加在容器内表面上的力。

量子 量子理论中用到的能量的最小单元。

夸克 一种基本粒子。三个夸克可构成一个质子或中子。由夸克构成的物质形式称为强子。

量子位 量子位类似于计算机领域中的"位"，但包含了量子信息。

随机性 结果的出现是随机的，只由概率决定。各种结果

出现的概率完全相同。

红移 由于多普勒效应或者宇宙膨胀，离去物体所发射的光波长发生变化的现象。在天文学中，该现象用于测量遥远恒星或星系的距离。

反射 波遇到表面时发生反转，好像光束从镜面上发射出来一样。

折射 波的弯曲现象。通常由于波通过一种介质时速度变慢所致，如光穿过棱镜。

时空度规 在广义相对论中，几何空间和时间是由一个数学方程描述的。它可被形象地看作橡胶板。

光谱 电磁波序列，从无线电波开始，到可见光，再到 X 射线和伽马射线。

应变 物体受到拉力作用时，在单位长度上的伸长量。

应力 单位面积上所承受的力，因外部力的施加而在固体内部所感受的力。

超新星 超过一定质量的恒星在生命即将终结时发生的爆炸。

湍流 流体因流速过快而变得不稳定，形成漩涡，呈湍流

状态。

宇宙 时间和空间的总和。从定义上说，宇宙包含一切，但有些物理学家指的是我们自己的宇宙之外的平行宇宙。根据膨胀速率和恒星年龄可估算出我们宇宙的年龄大约为 140 亿年。

真空 不包含任何原子的空间称为真空。真空在自然界中是不存在的，即便是在外部空间，每立方厘米的空间里也是有一些原子存在的，但物理学家可在实验室中模拟接近真空的环境。

速率 速率是一定方向上速度的大小，其意义是物体在该方向上一定时间内通过的距离。

波函数 在量子理论中，波函数是一个数学函数，它描述了某个粒子或物体的全部特性，包括其具有某些属性或在某些位置出现的可能性。

波阵面 波峰的连线。

波长 从一个波峰到相邻波峰的距离。

波粒二象性 物体（尤其是光）的行为。某个时刻物体的行为像波，而在另一时刻其行为又像粒子。

站在巨人的肩上

读者积分赠书卡

手机号码：_____（此为会员编号）

姓　　名：_____　　性别：□男 □女　　出生年月：____年__月

通信地址：_____

邮政编码：_____

电子邮件：_____

您购买的图书是：　22421 /《你不可不知的50个物理知识》（29.00元）

您获得的会员积分是：　2.9　分

　　欢迎参加"**有奖DEBUG**"活动。提交本书勘误，每确认一处即可获赠积分5分。详情见图灵网站。

　　请沿虚线剪下此页，寄回图灵公司，即可成为图灵读者俱乐部的一员（复印无效）。**积分累计，可获赠书**（赠书清单见图灵网站）。

邮政编码：　100107

通信地址：　北京市朝阳区北苑路 13 号院 1 号楼 C603

　　　　　　北京图灵文化发展有限公司　　图灵读者俱乐部

书名：结网：互联网产品经
理改变世界
书号：978-7-115-22417-0
定价：55.00元

书名：博客秘诀：超人气博
客是怎样炼成的
书号：978-7-115-21952-7
定价：39.00元

书名：软件随想录：程序员
部落酋长Joel谈软件
书号：978-7-115-21634-2
定价：49.00元

书名：软件开发沉思录：
ThoughtWorks文集
书号：978-7-115-21360-0
定价：39.00元

书名：锦绣蓝图：怎样规划
令人流连忘返的网站
（第2版）
书号：978-7-115-21363-1
定价：49.00元

书名：项目管理修炼之道
书号：978-7-115-21361-7
定价：49.00元

书名：一页纸IT项目管理：
大道至简的实用管理
沟通工具
书号：978-7-115-22130-8
定价：25.00元

书名：瞬间之美：Web界面
设计如何让用户心动
书号：978-7-115-20767-8
定价：45.00元

书名：设计模式沉思录
书号：978-7-115-22463-7
定价：35.00元

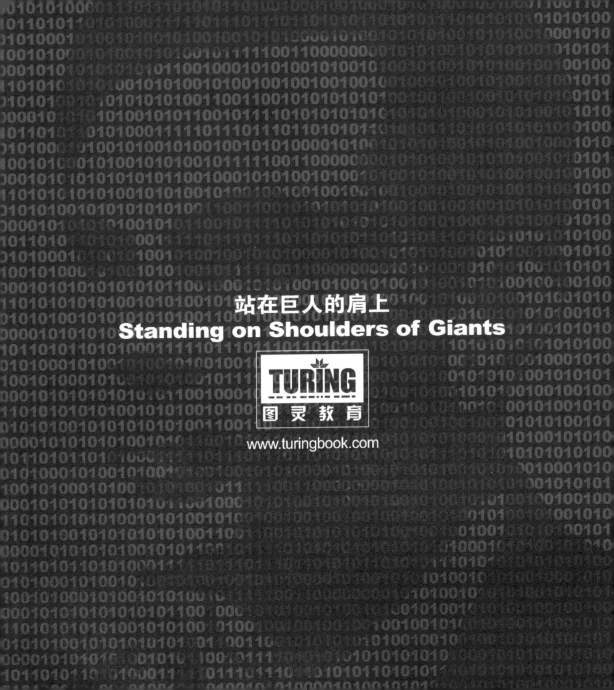

站在巨人的肩上
Standing on Shoulders of Giants

TURING
图灵教育

www.turingbook.com

站在巨人的肩上
Standing on Shoulders of Giants

TURING
图灵教育

www.turingbook.com